**浙江省普通高校"十三五"新形态教材**

高等职业院校数字媒体·艺术设计精品课程系列教材

3D digital

新形态教材

# 光影魔术——
# 三维数字模型制作

俞俊毅　马丹／主编

电子工业出版社.
**Publishing House of Electronics Industry**
北京·BEIJING

## 内 容 简 介

本书主要针对 3ds Max 2018 中文版进行编写，以"项目分析、模型制作、材质制作、灯光设置、渲染输出"为学习主线，循序渐进地介绍综合利用 3ds Max、Photoshop、Substance 等软件进行三维数字模型的设计与创建。

本书的学习主要是按照实际项目工作流程进行的，共分为 4 篇，第 1 篇介绍三维影视动画的发展历史和制作流程，第 2 篇～第 4 篇分别通过 2～3 个不同目的、不同教学方法的项目案例来讲解运用 3D 道具、角色、场景进行创作的过程。本书尽可能地从读者与应用的角度出发，在每个项目案例的讲解中，综合所使用软件的不同特点进行描述，注重理论与项目案例相结合，使读者加深对三维动画制作的理解，极具实用性、趣味性及可拓展性。

本书既可以作为高职高专院校相关专业学生的三维动画课程教材，也可以作为相关培训机构人员和三维动画爱好者的自学参考用书。

**图书在版编目（CIP）数据**

光影魔术：三维数字模型制作 / 俞俊毅，马丹主编. —北京：电子工业出版社，2021.9

ISBN 978-7-121-41976-8

Ⅰ. ①光… Ⅱ. ①俞… ②马… Ⅲ. ①三维动画软件－教材 Ⅳ. ①TP391.414

中国版本图书馆 CIP 数据核字（2021）第 186413 号

责任编辑：左　雅　　　　特约编辑：田学清
印　　刷：北京市大天乐投资管理有限公司
装　　订：北京市大天乐投资管理有限公司
出版发行：电子工业出版社
　　　　　北京市海淀区万寿路 173 信箱　　　邮编　100036
开　　本：787×1092　　1/16　　印张：9.5　　字数：243.2 千字
版　　次：2021 年 9 月第 1 版
印　　次：2021 年 9 月第 1 次印刷
定　　价：58.00 元

凡所购买电子工业出版社图书有缺损问题，请向购买书店调换。若书店售缺，请与本社发行部联系，联系及购电话：（010）88254888，88258888。

质量投诉请发邮件至 zlts@phei.com.cn，盗版侵权举报请发邮件至 dbqq@phei.com.cn。

本书咨询联系方式：（010）88254580，zuoya@phei.com.cn。

# 前　言

　　数字创意产业是现代信息技术与文化创意产业逐渐融合而产生的一种新经济形态，和传统文化创意产□以实体为载体进行艺术创作不同，数字创意产业以计算机图形学等现代数字技术为主要技术工具，通过□术、创意和产业化的方式进行数字内容开发、视觉设计、策划和创意服务。创意设计类专业以生产创意□基本目标，为人们提供更人性化的生产、更舒适化的生活、更和谐的生存方式等。

　　随着 5G、云计算、大数据、人工智能等技术的迅猛发展，数字化采集与建模、数字高速渲染、虚拟□实、增强现实、全息成像、裸眼 3D、AI 绘制、云端渲染、人机交互、内容增强、智能生成与设计、视□感知处理等先进技术不断成熟，超感影院、混合现实娱乐、广播影视融合媒体制播、艺术智能设计与创□、数字化融合出版、车载媒体娱乐、动漫游戏交互、数字演艺等领域正在不断发展。在这些领域中，数□建模技术作为数字内容制作与数据的重要载体，越来越受到人们的重视，有些已经应用到各个行业，如□疗、电影电视、视频游戏、建筑等。

　　作为数字时代的学生，对数字建模、动画及渲染技术有所了解是十分必要的，正因为如此，数字建模□关课程广泛出现在数字媒体艺术设计、动漫设计、室内艺术设计等数字创意设计类专业课程体系中，成□一门必备的核心课程。

　　基于"第 1 篇　认识三维动画和它背后的故事"基础篇，本书分为道具、角色、场景三大类项目学习□块，每类项目学习模块设有 2～3 个相同类型、不同难度、不同教学方法的项目案例。通过这些项目案□讲解三维数字模型的制作流程，包括从项目分析、Photoshop 手稿设计，再到使用 3ds Max 演示各种模□的创建过程、材质制作、灯光布置和渲染设置。另外，还讲解了不同软件或插件（Substance Painter、□ay）的交互使用方法和经验，利用它们可以更好地完成道具、角色、场景的制作。

　　本书不仅讲解模型的制作方法，而且用全过程的教学思路帮助读者建立其完整项目案例的制作概念，□尽可能地从读者与应用的角度出发，在相同类别、多个从简到难的项目案例中，不断训练读者的制作技巧，帮助读者快速掌握项目案例的制作方法与技巧。在每个项目案例的讲解中，根据不同软件的特点，注重理论与案例相结合，加深读者对三维动画制作的理解，极具实用性、趣味性及可拓展性。每个项目案例的每个操作要点均配有教学视频，请扫描书中二维码观看学习。同时提供全部项目案例所需的素材和工程文件，请登录华信教育资源网（www.hxedu.com.cn）注册后免费下载。

　　本书由俞俊毅、马丹担任主编。俞俊毅是绍兴职业技术学院建筑与设计艺术学院副院长、A 级国际商业美术设计师（International Commercial Art Designer，ICAD）、绍兴市文化产业专家库成员、绍兴市工艺美术行业协会副会长、绍兴市文化创意设计协会副会长、疯巢创意设计应用中心主任、北岛设计创始人。他还长期从事教学、科研和教学管理工作，并在数字媒体设计、影视广告、品牌设计等领域展开设计研究、设计实践，以及产业合作和设计教育研究与实践，作为负责人完成 10 多个省市级课题项目、80 多个企业委托项目，长期为阿里巴巴、优酷、虾米音乐、沃尔沃、百雀羚、立白等著名品牌提供设计服务。

编　者

课程介绍

# 目　录

第1篇　认识三维动画和它背后的故事..............1

　一、三维动画的概念....................2

　二、三维动画电影的发展历史................2

　三、中国三维动画电影的发展........6

　四、动画创作的初衷..............9

　五、三维动画项目创作过程......9

　六、三维动画技术应用领域............14

第2篇　动画道具制作——从搭积木到揉

　　　泥巴..............................21

　项目1　拷贝桌动画..............22

　　Chapter1　拷贝桌的结构................22

　　Chapter2　桌子模型的搭建............23

　　Chapter3　桌子材质的制作............25

　　知识储备——关于"UVW 贴图"....28

　　Chapter4　渲染与展示............30

　　知识储备——关于天光............31

　　项目总结..............................33

　项目2　《魔兽世界》游戏纪念品

　　　　啤酒杯............................34

　　Chapter1　马克杯的制作..................35

　　Chapter2　啤酒杯的结构分析............41

　　Chapter3　啤酒杯的形体制作............41

　　Chapter4　啤酒杯的材质制作............47

　　知识储备——"材质编辑器"

　　　　　　　对话框..............49

　　Chapter5　静物环境设置与展示............50

　　项目总结..............................51

　项目3　红色消防栓..............52

　　Chapter1　消防栓的结构分析............53

　　Chapter2　消防栓模型的制作............53

　　知识储备——PBR 材质流程............59

　　Chapter3　消防栓材质制作............60

　　项目总结..............................73

第3篇　动画角色制作——从形到神的塑造......75

　项目4　可爱小黄人............76

　　Chapter1　小黄人的结构分析............77

　　Chapter2　小黄人模型的制作............77

Chapter3　小黄人材质制作及
　　　　　灯光设置 ........................... 86
知识储备——"多维/子对象"材质 86
项目总结 ............................... 87
项目 5　特工老头 ............................... 88
Chapter1　形体分析 ..................... 89
Chapter2　头部模型的制作 ............. 89
Chapter3　身体模型的制作 ............. 97
Chapter4　角色模型 UVW 展开 ...... 104
知识储备——Substance Painter
　　　　　快捷键 ............ 108
Chapter5　角色材质的制作 ........... 109
项目总结 ............................... 117

第 4 篇　动画场景制作——空间与光线的
　　　　组合 ............................... 119
项目 6　暖暖杂货店 ......................... 120
Chapter1　场景空间分析 ................. 121

Chapter2　卡通室内场景模型的
　　　　　制作 ........................... 121
知识储备——"放样"的定义 .........123
Chapter3　花瓶的制作 ............126
知识储备——VRay 初始设置 .........127
Chapter4　灯光与摄影机的设置 .........128
Chapter5　场景材质的设置 ...............132
Chapter6　渲染输出 ......................133
项目总结 ............................... 134

项目 7　村落一角 ......................... 135
Chapter1　卡通室外场景分析 ...........135
Chapter2　村落平台模型的制作 .........136
Chapter3　村落主体模型的制作 .........137
Chapter4　材质的制作 ....................140
Chapter5　VRay 环境设置 ...............142
知识储备——VRay 渲染技巧 ..........143
项目总结 ............................... 144

# 第 1 篇

# 认识三维动画和它背后的故事

# 1

当数字技术越来越先进，越来越融入人们的生活时，发现曾经记忆中的动画也在以更加绚丽、更加多样的方式呈现在人们面前，从二维动画向三维动画的进化，不仅是一种技术的进步，更是另一种思维和方式的改变。本篇将给大家介绍三维动画技术和三维动画电影的过去与未来。

**三维动画的概念**
**三维动画电影的发展历史**
**中国三维动画电影的发展**
**动画创作的初衷**
**三维动画项目创作过程**
**三维动画技术应用领域**

一、三维动画的概念

三维动画又被称 3D 动画，是利用计算机三维技术，在计算机中建立一个虚拟的世界，按照需要表现对象的形体特征，建立相应模型和场景，设置特定的材质和灯光，并根据要求设置模型运动轨迹、虚拟摄影机运动及其相关动画参数，由计算机自动运算，自动生成的连续画面。3D 动画技术模拟真实物体的方式具有精确性、真实性和无限的可操作性。

作为在动画艺术和计算机软硬件技术发展基础上形成的一种相对独立的新型艺术形式，三维动画技术早期主要应用于军事领域。直到 20 世纪 70 年代后期，随着 PC 的出现，计算机图形学才逐步拓展到平面设计、服装设计、建筑装潢等领域。20 世纪 80 年代，随着计算机软硬件的进一步发展，计算机图形处理技术的应用得到了空前的发展，计算机美术作为一个独立学科真正开始走上了迅猛发展之路。

运用计算机图形技术制作动画的探索始于 20 世纪 80 年代初期，当时三维动画的制作主要是在一些大型的工作站上完成的。在 DOS 操作系统下的 PC 上，3D Studio 软件处于垄断地位。1994 年，微软推出 Windows 操作系统，并将工作站上的 Softimage 移植到 PC 上。1995 年，随着 Windows 95 问世，市面上出现了超强升级版本 3ds Max1.0。1998 年，Maya 的出现可以说是 3D 发展史上的又一个里程碑。一个个超强工具的出现，也推动着三维动画应用领域不断拓宽与发展。

 二、三维动画电影的发展历史

作为三维动画重要的应用领域，三维动画电影发展也是三维动画发展的缩影。与二维动画电影相比，三维动画电影大大减少了重复劳动。画面效果不仅真实、生动，更能展现现实所无法模拟的魔幻场面，深受观众的喜爱。三维动画电影所带来的经济效益也是非常巨大的，如皮克斯（见图 1-2-1）、迪士尼、梦工厂等大型影视动画公司所制作的三维动画电影不断创下票房之最，所创造出的经济效益和文化影响是空前的。

图 1-2-1

1995 年—2000 年是三维动画电影发展的第一阶段。此阶段是三维动画电影的起步与发展时期。19年，由迪士尼与皮克斯合作拍摄的三维动画电影《玩具总动员》（见图 1-2-2）在全球上映，影片获得大成功，该影片导演 John Lasseter 获得第 68 届奥斯卡金像奖特殊成就奖。另外，该影片是第一部在全上映的三维动画电影，虽然故事情节具有极强的吸引力，但是逸真的虚拟画面更让观众瞠目。从此，三技术应用在影视产业中，进入观众的眼球，标志着动画电影进入了三维时代。

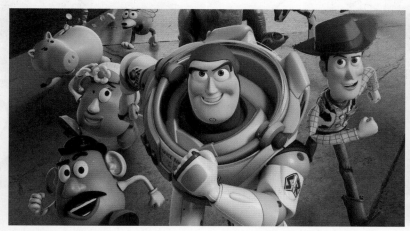

图 1-2-2

在这一阶段，皮克斯和迪士尼是三维动画电影市场上的主要玩家。当时迪士尼有资深的二维动画创作□和项目负责人。后来皮克斯的创始人约翰·拉塞特从迪士尼辞职后加入了卢卡斯电脑动画部。1986 年，卢□斯电脑动画部被苹果创始人史蒂夫·乔布斯以 1000 万美元收购，正式成为独立动画电影制片公司——皮□斯。1991 年 5 月，皮克斯迈出了具有历史意义的一步，与迪士尼成为合作伙伴，2006 年 1 月 23 日，迪□尼以 70 亿美元收购皮克斯。

2001 年—2003 年是三维动画电影发展的第二阶段，此阶段是三维动画电影的迅猛发展时期。在这一□段，三维动画电影从"一个人的游戏"变成了皮克斯和梦工厂的"两个人的撕咬"。皮克斯分别拍摄了□圣物公司》和《海底总动员》；而梦工场相继拍摄了《鲨鱼黑帮》和《怪物史瑞克》。

1994 年 10 月 12 日，美国三位电影人史蒂芬·斯皮尔伯格、杰弗瑞·卡森伯格和大卫·格芬共同创□了梦工厂工作室（以下简称"梦工厂"）。随后，梦工厂拍摄了《埃及王子》和《怪物史莱克》等动画□影。2004 年，梦工厂的动画部门被拆分，随后出现了梦工厂动画公司，该公司制作了一系列优质动画电□，如《怪物史莱克》《马达加斯加》《功夫熊猫》（见图 1-2-3），以及《驯龙高手》和《疯狂原始人》（见□1-2-4）等。

图 1-2-3

图 1-2-4

特别是《功夫熊猫》系列电影，整部影片都充满了东方神韵，展现了中国文化的精髓，尤其是在文化斟酌和艺术水准上都达到极高的层次。该影片将中国元素运用得恰到好处，被西方媒体誉为"好莱坞写给中国的一封情书"。事隔多年，《功夫熊猫》这部影片依旧可以让我们感受到新鲜的动画血液在流淌，影片中的中国元素，无疑是这部作品的最成功之处。不管是创作背景还是视觉呈现，所有中国元素的挖掘和运用，都彰显了中国文化的源远流长，也让西方观众更深入地了解了中国文化。正是这部电影，在为我们呈现出一部精彩绝伦且充满中国元素与特色的动画作品之外，也引起了中国动画人的震撼和反思，促使我们后来在动画电影上将传统文化发扬光大，创造出了许多具有中国元素的动画电影。

从 2004 年开始，三维动画电影进入其发展的第三阶段——全盛时期，在这一阶段，三维动画电影变成了"多个人的游戏"。华纳兄弟推出圣诞气氛浓厚的《极地快车》；曾经成功推出《冰河世纪 1》的福克斯再次携手蓝天工作室，为人们带来了《冰河世纪 2》。至于梦工场则连续制作了《怪物史瑞克 3》和《怪物史瑞克 4》（见图 1-2-5～图 1-2-7）。

图 1-2-5

图 1-2-6

图 1-2-7

自 2008 年以后，三维动画电影进入大爆发阶段，10 年期间相继诞生了《功夫熊猫》《超人总动员》敌破坏王》《马达加斯加》《驯龙高手》《冰雪奇缘》《愤怒的小鸟》《疯狂原始人》《头脑特工队》《疯力物城》等一系列大制作的作品（见图 1-2-8、图 1-2-9）。

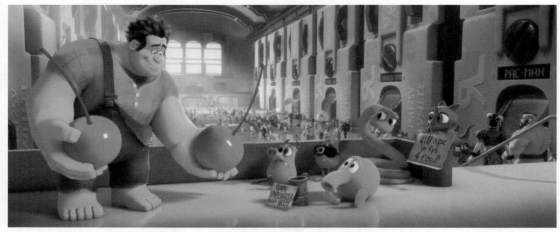

图 1-2-8

图 1-2-9

## ◆ 三、中国三维动画电影的发展

从新中国成立初期开始，国产动画电影就受到高度重视。以上海美术电影制片厂为代表的中国动画
作力量在不同的历史时期分别创作出了如《大闹天宫》《哪吒闹海》《宝莲灯》《西游记之大圣归来》
《哪吒之魔童降世》等多部优质作品，丰富了国内观众的精神文化生活，也在世界范围内获得多个奖项
为中国动画电影赢得了良好的国际声誉。

虽然与美、日、韩等国相比，我国的三维动画电影起步较晚，但是国家通过各种方式给予大力支持
因此，我国的动画电影呈现出迅猛发展态势，在资金、生产、市场、人才、教育、衍生品开发等产业各
环节全面推进。2006年，由环球数码制作了中国第一部三维动画电影《魔比斯环》及中国国画风格的《
花源记》在国际上获得了诸多奖项。2015年，由田晓鹏执导的动画电影《西游记之大圣归来》7天实现
亿元票房，总票房约为10亿元，创下国产动画电影票房纪录，单日最高票房约为6465万元，刷新了国

动画电影单日票房纪录（见图 1-3-1）。

图 1-3-1

2016 年，追光动画出品了其首部动画电影《小门神》，该电影制作周期为 29 个月，耗资约为 1.3 亿元。2017 年 7 月上映的《豆福传》集结了皮克斯、梦工厂等多家好莱坞制作团队，耗资约为 2 亿元。此外，《白蛇：缘起》等优质国产动画电影在收获不错票房的同时也受到了观众的喜爱和支持。2019 年 7 月，国产动画电影《哪吒之魔童降世》上映，总票房高达 46.55 亿元，超越《流浪地球》位居产业化以来中国电影单片票房第二名，不仅创造了中国动画电影的新纪录，也在澳洲、北美等海外市场飘红，登顶 10 年华语影片上映首周末票房冠军（见图 1-3-2）。

图 1-3-2

从 2015 年—2019 年，中国动画电影市场从"小手拉大手"的低幼动画占主流，逐渐变成了"大手拉小手"（指大人主动带孩子去看电影）的全年龄动画和"大手拉大手"（指年轻人三五成群去看电影）的成人动画占主流。在这个变化过程中，国产动画电影的票房空间也在不断扩大，票房天花板不断升高。全年龄动画电影的典型代表是《熊出没》系列（见图1-3-3）。不同于"喜羊羊"的低幼定位，"熊"定位于全年龄段，激发家长这一出资群体的观影需求，让家长也能从观影中找到乐趣。

图1-3-3

近5年来，基于优秀传统文化题材的中国动画电影显著增多，优秀传统文化成为连接影片与观众的力纽带，国产动画电影产量不断攀升。据相关数据显示，在2019年的前8个月里，中国电影市场已经25部本土动画电影上映，其中1部动画电影票房超过10亿元，4部动画电影票房分别超过亿元，14部画电影票房分别超过千万元。在政策和资本的支持下，中国动画电影产业已经走过粗放发展的阶段，开步入注重质量和效益的集约发展阶段，正在完成由动画生产大国向动画生产强国的转变。与此同时，国合作愈加频繁；动画基地布局总体完成；创意、研发、衍生品授权等产业链日趋完善；人才培养体系初建立，全国多所高校开设动漫专业，就业人数屡创新高；动画公司和企业大量涌现，产业辐射人群日趋泛，产业产值和社会影响不断增大，目前已经达到世界领先水平，如《白蛇：缘起》（见图1-3-4）。

图1-3-4

国产三维动画不仅在大屏幕上大放光彩，同时也有越来越多的三维动画电视剧受到大家的喜欢。例中国首部3D武侠动画连续剧《秦时明月》于2007年春节期间在各大电视台正式播放，剧情融武侠、幻、历史于一体，引领观众亲历2000年前风起云涌、瑰丽多姿的古中国世界，在浓郁的"中国风"入鲜明的时代感。随着三维动画技术的发展，三维动画连续剧的制作水准也越来越高，诸如《斗破苍《完美世界》《西行纪》等优秀动画连续剧出现在各大播放平台上。

## 四、动画创作的初衷

动画传达给观众的是通过各种像素的组合和投影技巧以达到显示在一块平面上的效果，不管是二维动画还是三维动画，在观众眼中，除了视觉效果展现的不同，其他并没有什么太大的区别，他们对动画的需求仅仅是剧情好不好玩、画面好不好看、角色逗不逗，没有人想去关心一个画面里运用了多少制作技术。对观众来说，动画只是会动的画面，观众只想看到一个好的故事，并感受到作品的情感诉求。

动画片通过情感诉求的实质是借助强烈的形式语言与视觉审美效应，以达到个体情感的群体共鸣，这也是一部动画片情感设计的最大成功。在当代动画设计的创作中，三维技术提供了更加丰富多彩的艺术形式语言，为动画情感的设计创造了更加多元化的表达介质。设计师通过天马行空的想象力，运用鲜明的形式语言将客观物象以不同的方式和结构进行重新整合，再通过动画设计的基本要素来制作动画的视觉效果，增强观众观赏的价值及情感的品位。

动画片中的基本元素本身并不具有感情，是设计师在主观能动性下对人物角色情感塑造的创造变现。情感设计是动画片的灵魂所在，很大程度上是建立在设计师个人修养、经验累积及情感爆发等综合基础上的多元整合。遵循动画创作的本质规律，注重动画片情感设计的传递与体验，回归动画创作的初衷，动画的成功正是源于对动画创作中情感传递与体验的不断探究与挖掘。

例如，《寻梦环游记》这部动画电影（见图 1-4-1），用亲情讲述死亡不是永久的告别，忘记才是。该画电影有着对成长与梦想、情感与依托、现实与环境的主题阐释，同时包含着对情感的诉求，这部动画电影延续了皮克斯一贯的温情风格，富有灵感与哲思的思辨，同时也加入了迪士尼梦幻般的童话色彩，采用宏大的亡灵世界讲述家庭和梦想的矛盾，在寒冷的冬天观看这样一个精良的制作和暖心的故事，它关于理想、关于家庭、关于记忆、关于爱，惹得观众热泪潸然，在感动之余对生活和人生又多了几重感悟和思索。

图 1-4-1

## 五、三维动画项目创作过程

随着多媒体电影、电视行业的发展，逐渐出现了一个个让观众无比享受的作品，这些作品在让观众愉悦的同时，还带动了国内整个多媒体行业的飞速发展。而三维动画就是这其中的一个。制作三维动画是一个涉及范围很广的话题，从某种角度来说，三维动画的创作将导演、演员、摄影、布景设计及舞台灯光等制片角色融合一起，我们可以在三维环境中控制各种组合。光线和三维对象，它们总是听候你的调遣，除了需要具备基本技能，我们还要有更多的创造力和想象力（见图1-5-1）。

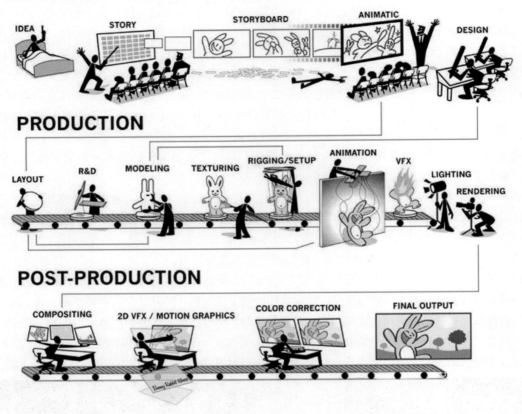

图 1-5-1

一般来说，一部完整的三维动画主要包含以下几个制作步骤。

### 1．项目概念设计

作为一部作品的开始，项目概念设计一直都是重要的制作步骤，初步决定题材的类型、内容、创新素、有什么与众不同的竞争力。这样的开端决定了一整套后续流程能够顺利、目标明确且有动力的进行去。开发一部完整的动画片或独立短片都应该在初期制作项目计划书，制定开发项目需要的剧本、风软件、技术、制作周期和开发流程。

### 2．故事文字叙述

在着手绘图之前，先用简短的文字叙述来说明故事的核心概念，动画的剧本和小说不同，作者必观众有基本的画面感，并在符合具体构想的情况下，由开发部门与画故事板的人员，天马行空地思考发展的各种可能性，延伸出更多剧情版本。

### 3．项目元素设计

根据导演的要求绘制出项目所需的各类角色、场景、道具及各类世界观风格的原画。另外，还要人物或其他角色进行造型设计，并绘制出每个造型的几个不同角度的标准画，以供其他动画人员参考图 1-5-2、图 1-5-3）。

图 1-5-2

图 1-5-3

### 4．故事板制作

根据剧本需求手工粗略地绘制实际制作的分镜头，描述镜头运动方式，剧本的主要情节，每个镜头的概拍摄时间及部分镜头的特殊制作要求等，另外，还包括特效、声音等很多细节，为后面的三维动画制提供参考（见图 1-5-4）。

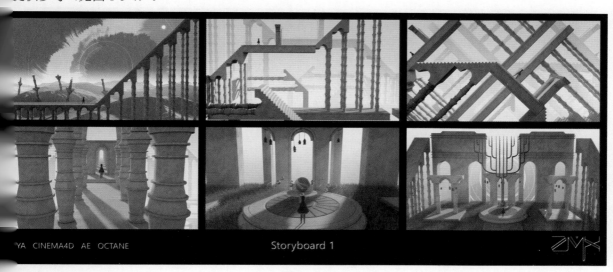

图 1-5-4

## 5. 模型

在三维软件中制作出故事所需要的场景、角色和道具的模型（见图1-5-5）。

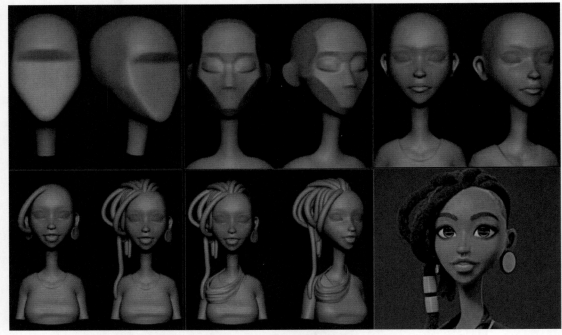

图 1-5-5

## 6. 预演

在正式制作动画之前，使用 3D 模型根据剧本和分镜头故事板制作出 3D 故事板，检测动画的可行和镜头效果，帮助导演确定动画的修改方案。

## 7. 材质

对完成的 3D 模型进行贴图绘制和材质编辑（见图1-5-6）。

图 1-5-6

### 8. 绑定

为项目需要的动画模型制作适合的骨骼系统和蒙皮，进行动画绘制之前的一些变形、动作驱动等相关设置，为动画师做好预备工作，提供符合项目要求的动画解决方案（见图1-5-7）。

图 1-5-7

### 9. 动画

参考剧本、分镜头故事板，动画师根据故事板的镜头和时间，给角色或其他需要活动的元件制作出每镜头的最终动画。动画为静止的模型赋予了生命和灵魂，是讲述故事的重要环节，动画师必须具备观察活细节的能力，将角色情绪表达到位，借助真人表演特点和软件的各种工具，从开始自然，做到打动每个观众。

### 10. 灯光

根据前期设计的风格和气氛，把握每个镜头画面的灯光效果（见图1-5-8）。

图 1-5-8

**11．特效**

根据具体故事，制作出各种爆炸、垮塌、破碎、火焰、烟雾等 3D 特效，加强影片的视觉冲击力（见图 1-5-9）。

图 1-5-9

**12．渲染与合成**

把各种镜头文件进行分层渲染和保存，提供合成用的图层和通道。

**13．编辑**

对素材进行合成，并进行配音、音效及背景音乐的编辑。

**14．剪辑输出**

将渲染的图层影像进行合成。

**15．项目备份**

将整个项目制作中的重要文件进行整理和备份，以备项目修改调节使用。

## ◆ 六、三维动画技术应用领域

数字技术几乎推动着一切领域的设计革命，近年来，随着计算机三维影像技术的不断发展，三维图技术越来越受到人们的重视。三维动画比平面图更直观，更能给观众带来身临其境的感觉，尤其适用于些尚未实现或准备实施的项目，使观众提前领略实施后的精彩效果。现在，三维动画技术已经应用到各各业，医疗领域使用它制作精确器官的模型；电影领域将它用于活动的人物、物体及现实电影；视频游领域将它作为计算机与视频游戏中的资源；科学领域将它作为化合物的模型；建筑领域利用它来展示物或风景；在最近几十年，地球科学领域开始构建三维地质模型等，各种层出不穷的革命技术正在刷们的眼球。

**1．动画电影领域**

三维动画涉及影视特效创意、前期拍摄、影视 3D 动画、特效后期合成、影视特效动画等。随着机在影视领域的延伸和制作软件的增加，三维数字影像技术扩展了影视拍摄的局限性，在视觉效果上弥补了拍摄的不足，在一定程度上计算机制作的费用远比实际拍摄所产生的费用要低得多，同时也为剧组因外景地天气、季节变化而节省时间（见图1-6-1）。

图 1-6-1

### 2．游戏领域

目前，三维技术已经大量应用于游戏制作领域中，游戏的模型（游戏的人物、场景、基础地形）使用三维立体模型实现，游戏的人物角色控制是使用空间立体编程算法实现的，从简单的色块堆砌而成的画面到数百万个多边形组成的精细人物模型，利用三维技术制作的各类游戏正向我们展示越来越真实而广阔的世界，作为3D游戏制作的关键，3D游戏引擎一直以来都是见证3D游戏发展的最核心部分（见图1-6-2）。

图 1-6-2

### 3．广告领域

我们所看到的广告，从制作的角度来看，或多或少地用到了动画。动画广告是广告普遍采用的一种表现方式，在表现一些实拍无法完成的画面效果时，就要使用动画或两者结合来完成。如今，三维数字技术在广告动画领域大量应用和延伸，将最新的技术和最好的创意应用于广告中。数字时代的到来，将深刻地影响着广告的制作模式和广告的发展趋势（见图1-6-3）。

图 1-6-3

### 4．建筑领域

3D 技术在建筑领域得到了广泛的应用。早期的建筑动画由于 3D 技术的限制和创意制作的单一性，只能制作出简单的建筑动画。随着 3D 技术的提升与创作手法的多元化，建筑动画从脚本创作到精良的模型制作、后期电影剪辑手法，以及原创音乐音效、情感的表现方法，能够制作出越来越优质的建筑动画（见图 1-6-4）。

图 1-6-4

### 5．园林景观领域

园林景观动画是一种将园林规划建设方案利用 3D 动画技术展现的演示方式，其效果真实、立体、生动，是传统效果图所无法比拟的。园林景观动画将传统的规划方案，从纸上或沙盘上演变到了计算机中，真实还原了一个虚拟的园林景观。涉及景区宣传、旅游景点开发、地形地貌表现、国家公园、森林公园、自然文化遗产保护、历史文化遗产记录，园区景观规划、场馆绿化、小区绿化、楼盘景观等动画表现制作（见图 1-6-5）。

图 1-6-5

### 6. 产品演示动画

产品演示动画涉及工业产品（如汽车、飞机、轮船、火车、舰艇、飞船）；电子产品（如手机、医疗器械、监测仪器仪表、治安防盗设备）；机械产品（如机械零部件、油田开采设备、钻井设备、发动机）；产品生产过程（如产品生产流程、生产工艺等）三维动画制作（见图 1-6-6）。

图 1-6-6

### 7. 模拟动画

三维动画的主要作用就是用来模拟，通过动画的方式展示想要达到的预期效果，通过动画的形式还原真实的情况，从而让观众更加直观地了解这项技术的应用。模拟动画制作，通过动画模拟一切过程，如制造生产过程、交通安全演示动画（模拟交通事故过程）、煤矿生产安全演示动画（模拟煤矿事故过程）、能源转换利用过程、水处理过程、水利生产输送过程、电力生产输送过程、矿产金属冶炼过程、化学反应过程、植物生长过程、施工过程等演示动画制作。（见图 1-6-7）

图 1-6-7

### 8. 虚拟现实技术

虚拟现实（Virtual Reality，VR）技术又被称为灵境技术或人工环境。虚拟现实技术的最大特点是用户以与虚拟环境进行人机交互，将被动式观看变成更逼真地体验互动。360°实景、虚拟漫游技术已经应用于网上看房、房产建筑动画片、虚拟楼盘电子楼书、虚拟现实演播室、虚拟现实舞台、虚拟场景、虚拟写字楼、虚拟营业厅、虚拟商业空间、三维虚拟选房、虚拟酒店、虚拟现实环境表现等诸多领域（见图 1-6-8）。

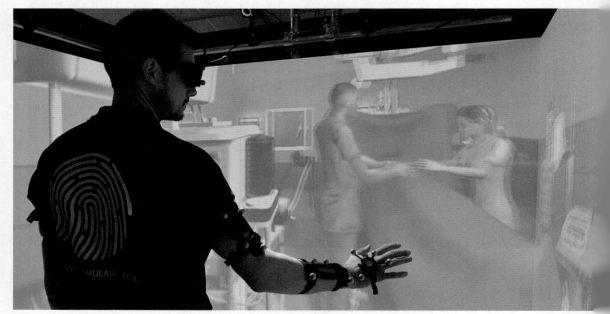

图 1-6-8

### 9. 增强现实技术

增强现实（Augmented Reality）技术是一种将虚拟信息与真实世界巧妙融合的技术，广泛运用了多媒体、三维建模、实时跟踪及注册、智能交互、传感等多种技术手段，将计算机生成的文字、图像、三维型、音乐、视频等虚拟信息模拟仿真后，应用到真实世界中，两种信息互为补充，从而实现对真实世界的"增强"。与虚拟现实技术相比，增强现实技术不会阻碍人的视线，而是增加了人的视线，进一步扩大了人的能力（见图 1-6-9）。

图 1-6-9

随着增强现实技术的发展，三维信息世界终将是我们未来的生活方式，更是未来机器人的生活方式。经处于信息时代的我们，未来需要把三维虚拟信息叠加到真实世界中，从而使处在真实世界的人们交互加自然，生活更加方便。

# 第 2 篇

# 动画道具制作——从搭积木到揉泥巴

2

道具是动画项目中必不可少的物件，小到随处可见的桌椅、杯子、手机，大到飞机、汽车等，都属于场景道具的一部分。在学习数字三维动画时为什么要从道具模型制作开始，原因在于道具模型的建模技术丰富多样，就算用最基础的方法也能创造出复杂的物体，对初学者来说，会是一个很好的学习起点。

**简单几何体建模**

**多边形建模**

**材质的制作与编辑**

**灯光设置与渲染**

# 项目1 拷贝桌动画

**项目目标：**了解三维动画的一般概念和应用领域，初步了解 3ds Max 基本使用方法；掌握基本简单模型制作的技巧与方法，了解比例和尺寸对于道具制作的重要性。

**项目介绍：**该项目是为动漫专业的拷贝实训室设计一种新型拷贝桌，为了更好地让木工师傅了解桌子的结构，需要制作出由不同零件组成的桌子实体效果。该项目要求设计能符合使用要求，制作符合实际样式。

**项目分析：**在制作本项目前，先了解 3ds Max 的基本使用方法，熟悉基本操作，在设计拷贝桌时要进行需求分析，注意比例尺寸。

**教学建议：**建议学生先通过网络查找关于拷贝桌的资料，然后根据自身的使用体会进行拷贝桌设计，建议教学时长为 6 课时。

**学习建议：**这是学习三维动画的第一个项目，与实际需求相结合可以使学生发挥一定的创造力，在此过程中掌握基础模型的创建方法和一般产品的展示方法。

 **Chapter1** 拷贝桌的结构

拷贝桌又被称为透写桌，是制作漫画、动画的专业工具，和一般桌子不同的地方在于它的桌面，桌由一个灯箱或 LED 灯带上面覆盖一块钢化玻璃组成。它既要具备普通桌子的功能，又能满足拷贝、描的功能，因此结构更为复杂。下面先了解拷贝桌的大致结构。

拷贝桌分为两部分，上半部分是拷贝台，下半部分是木质或金属框架。使用时将多张画稿重叠在一起可以很清楚地看到底层画稿上的图，在第一张纸上拷贝或修改画稿。动画家可以用来画分解动作（中画），漫画家可以用来将草稿描绘成正稿，并可以方便网点纸的使用。拷贝台是拷贝桌的关键设备，拷台下面的框架主要是为了支撑整个拷贝桌，并且使拷贝台使用起来更加方便，工作更加舒适，放在房间不仅美观大方，而且平稳安全（见图 2-1-1）。

图 2-1-1

## Chapter2　桌子模型的搭建

1-1 拷贝桌项目　　1-2 拷贝桌　　1-3 拷贝桌
介绍与建模准备　　桌身建模　　桌脚建模

在了解了拷贝桌的结构之后，我们开始使用 3ds Max 创建桌子，先创建一个"项目文件"。由于一个完整的 3da Max 项目会包含各类不同种类的文件，而有时又需要将文件从一台工作站移动到另一台工作站上，使用项目文件夹可以帮助我们更好地管理在制作过程中产生的文件。3ds Max 项目文件夹将便于用户有组织地为特定项目放置所有文件。

当首次启动 3ds Max 时，项目文件夹默认路径为"My Documents\3ds Max\"，可以通过使用"设定项目文件夹"指定项目文件夹的路径。当设置项目文件夹时，3ds Max 会自动在其中创建一系列的文件夹，如"scenes"和"renderOutput"。在默认情况下，可以通过项目文件夹的默认路径打开文件。对组织和共享文件而言，使用一致的项目文件夹结构非常实用。

在 3ds Max 中进行模型搭建和在现实生活中做桌子的过程很类似，首先找到材料，然后根据桌子的样裁剪各个部件，最后将各个部位拼接起来。打开 3ds Max 的工作界面（见图 2-1-2）。

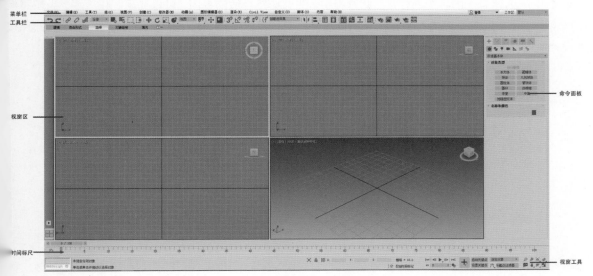

图 2-1-2

**01** 打开"创建"命令面板，单击"几何体"按钮，可以看到一共有 10 种几何体类型。在"对象类型"卷展栏中单击"长方体"按钮，在场景中按住鼠标左键，拉出一个和桌面大小差不多的立方体（见图 2-1-3），释放鼠标左键。

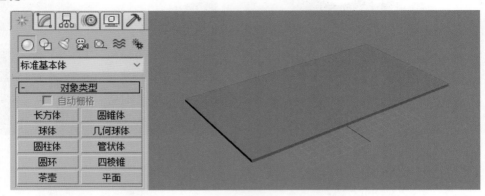

图 2-1-3

我们可以在几何体下面的"参数"卷展栏中设置相关数值来改变长方体的形状及大小（见图 2-1-4）。

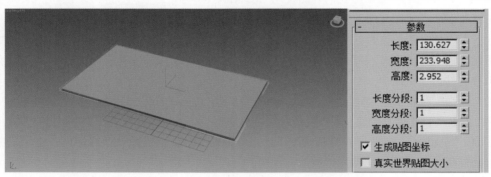

图 2-1-4

**02** 继续创建桌子的各个部件，在此过程中，注意选择合适的视图，可以提高制作效率。当按照桌的结构将大小不一的各个部件都创建出来后，选择"工具栏"中的"选择和移动"工具，将这些部件按桌子设计图的要求进行组合搭配，这样就创建完桌子的基本形状（见图 2-1-5）。

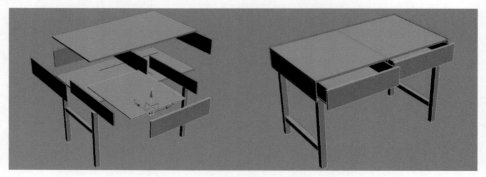

图 2-1-5

这里可以按住 Shift 键的同时单击鼠标左键进行物体的快速复制，按住 Ctrl 键的同时单击鼠标左键行物体连选。对于同一部位的部件可以使用"文件"中的"群组"命令进行群组（群组相当于把很多个放在一个篮子里，鸡蛋还是相互独立的，只是形成了行动统一的团队）。

在将创建好的部件进行搭配的过程中，需要不断地切换视图，合适的视图操作有助于提高制作效率，同时训练用户三维空间想象能力。

**03** 在创建完桌子基本形状之后，搭建斜坡的桌面部位。由于在"几何体"面板中无法找到类似的形
需要更换一个建模的思路。打开"创建"命令面板中的"图形"面板，单击"线"按钮，在场景中绘
图形（见图 2-1-6）。

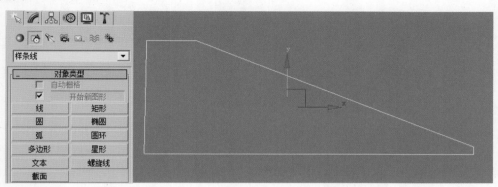

图 2-1-6

在绘制图形过程中，可以按 Shift 键进行直线绘制，注意要让曲线闭合。在选择"样条线"次对象的
是下，打开"修改"命令面板，选择"挤出"命令，并设置挤出大小，这样斜面的桌面就制作完了（见
2-1-7）。利用二维图形进行三维图形的创建是一种非常有效的建模方式，在后面章节介绍"多边形建
时就要先创建一个基础模型，再在此基础上进行复杂建模的操作。

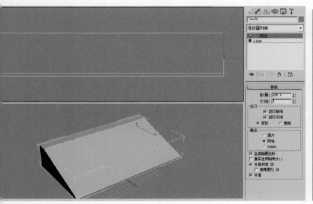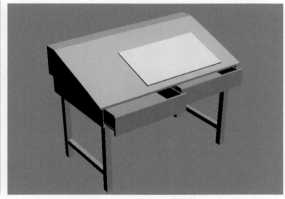

图 2-1-7

**04** 将所有创建完的部件像搭积木一样搭配起来，一张桌子模型就呈现在眼前。在进行部件搭配时，初
者往往习惯在透视图中移动部件，这其实是错误的，要学会利用其他几个二维视图对部件进行移动和旋
桌，这样可以避免因为透视而产生视觉错觉。

## ▶ Chapter3　桌子材质的制作

**01** 单击工具栏中的"材质编辑器"按钮，打开"材质编辑器"对话框，选择一个材质
将材质名称命名为"桌子"，然后设置环境光颜色，继续设置"高光级别"和"光泽度"参数，创造

1-4 拷贝桌
材质设定

出材质的基础光影效果。

高光级别数值越高，高光点亮度越强；光泽度数值越高，高光点面积越小。也就是说，光泽度用于调节反光的面积大小，高光级别用于调节反光的强度高低（见图2-1-8）。

图 2-1-8

**02** 选择场景中的桌子，在"材质编辑器-桌子"对话框中单击"将材质指定给选中对象"按钮，这样就可将制作完的材质赋到部件上去，按照同样的方法，可以制作出其他部件的材质。

**03** 为了使材质表现得更加真实，需要给材质球贴上贴图，单击漫反射右侧的方块，在打开的"选择位图图像文件"对话框中选择相应文件中的木纹贴图（见图2-1-9）。

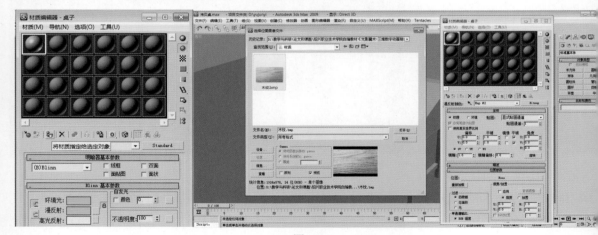

图 2-1-9

**04** 在本实例中，有些部件是不规则形状，如桌子的梯形桌面，为了能将贴图准确地贴到模型上去，要给这些部件添加"UVW贴图"修改器。选择"UVW贴图"的子对象"Gizmo"，可以看到包裹在物体上面的黄色边框，通过"缩放"命令，可以调整这个材质包裹物体的效果。我们可以比较下，不同的贴图类型会让材质在物体表面产生不同的材质效果，不同的Gizmo形状也会产生不同的贴图效果（见图2-1-10）。

图 2-1-10

**05** 选择一个材质球,将材质名称命名为"磨砂玻璃"。将漫反射颜色设置为浅蓝色,"不透明度"设置为"80","高光级别"设置为"66"和"光泽度"设置为"49"。由于磨砂玻璃比木头有更好的反射效应,因此需要让光斑更小,反射效果更强烈。如果想要更好地观察材质,则单击"背景"按钮,这时材质球的背景就变成由彩色方块组成的透明背景(图 2-1-11)。

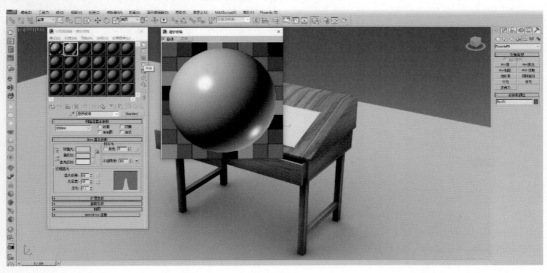

图 2-1-11

**06** 为了制造出磨砂玻璃的质感，打开"贴图"卷展栏，勾选列表中的"不透明度"，单击后面的长方块，打开"材质/贴图浏览器"对话框，选择"噪波"贴图，在"噪波参数"卷展栏中设置"大小"为"0.2"，该值越小，噪点也就越细小，大家可以根据实际效果设置（见图 2-1-12）。

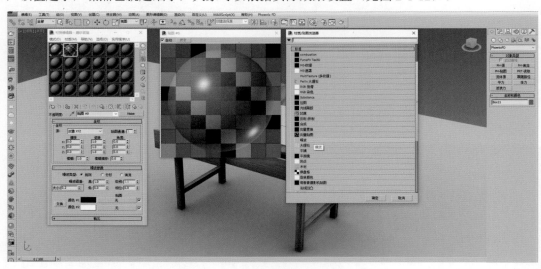

图 2-1-12

**07** 单击"返回父对象"按钮，返回材质球基本属性设置面板，将"不透明度"设置为"30"，这样简单的磨砂玻璃材质就制作完了，将它赋予玻璃面板（见图 2-1-13）。

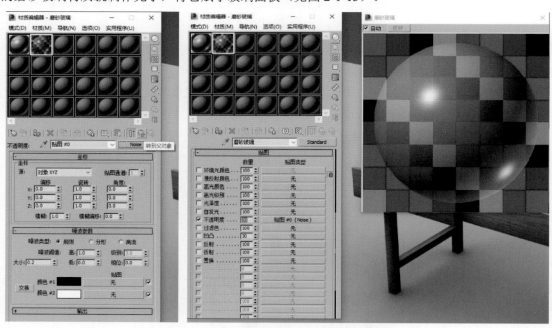

图 2-1-13

 ### 知识储备——关于"UVW 贴图"

（1）"UVW 贴图"是一种坐标映射技术，使用户能够将 2D 纹理投射到 3D 对象的表面上。使用"UV

贴图"修改器可以编辑模型上显示的贴图材质和程序材质。既可以选择与所需贴图模型最接近的形状选项，又可以通过 Gizmo 调整贴图坐标。

（2）"UVW 贴图"通过 Gizmo 将贴图坐标投影到对象上。既可以定位、旋转或缩放 Gizmo 以调整对象上的贴图坐标，还可以设置 Gizmo 的动画。如果选择新的贴图类型，则 Gizmo 变换仍然生效（见图 2-1-14）。

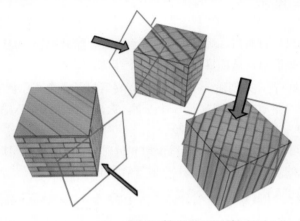

图 2-1-14

（3）不同贴图类型的 Gizmo 显示。对平面、球形、圆柱形和收缩包裹贴图来说，一条黄色短线指示贴图顶部。Gizmo 的绿色边指示贴图右侧。在球形或圆柱形贴图上，绿色边是左右边的接合处。必须在修改器显示层次中选择 Gizmo，才能显示 Gizmo（见图 2-1-15）。

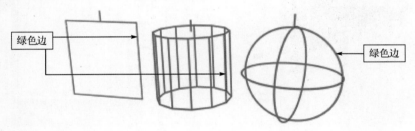

图 2-1-15

（4）移动 Gizmo 会更改投影中心并影响所有类型的贴图。旋转 Gizmo 会更改贴图方向，影响所有类型的贴图。均匀缩放不会影响球形或收缩包裹贴图。非均匀缩放会影响所有类型的贴图（见图 2-1-16）。

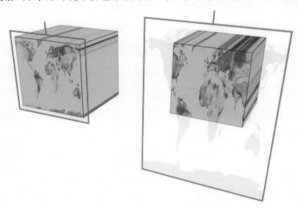

图 2-1-16

（5）如果缩放的 Gizmo 小于几何体，会创建平铺效果，除非缩放对所使用的贴图类型不生效。基于 Gizmo 大小的平铺是对"材质编辑器坐标"卷展栏中设置的贴图平铺值或"UVW 贴图"修改器中的平铺控件的补充。

# Chapter4　渲染与展示

1-5 灯光调试与渲染

将场景中的所有部件都赋予材质后，就需要进行环境设置，然后进行"渲染"，这也是项目在 3ds Max 中的最终效果展示，是项目制作最后一个步骤。

**01** 将场景中桌子摆好位置，并创建一个"平面"，将其赋予一个灰色调的材质，单击"贴图"卷展栏中的"反射"按钮，打开"材质/贴图浏览器"对话框，选择"光线跟踪"贴图或"反射/折射"贴图，并将"反射"值设置为"10～20"（见图 2-1-17）。

使用"光线跟踪"贴图可以提供全部光线跟踪反射和折射，生成的反射和折射比"反射/折射"贴图更精确。但渲染光线跟踪对象的速度比渲染"反射/折射"对象的速度低。

图 2-1-17

**02** 创建一个模拟现实照明的环境，由于制作的是静物道具，因此在灯光设置上采用了"天光"+"光跟踪器"的组合，这样的组合设置不仅简单，又可以产生较好的漫反射效果。如果是第一次进行模型渲染，则可以先尝试用这种方法，这样可以让静物道具渲染得更加真实。

单击"对象类型"选项区中的"天光"按钮，再在场景任意位置单击。需要注意的是，"天光"本身只是一种照明符号，表示在这个场景中有模拟现实条件下的日光效果，所以"天光"放置的位置并不会影响效果。将"天光"放置好后，选择"渲染"→"光跟踪器"命令，打开"渲染设置：扫描线渲染器"对话框，保持默认参数设置即可（见图 2-1-18）。

如果想要为桌子制作一个比较明显的阴影，则可以在场景中再放置一个"泛光灯"或"聚光灯"。灯光设置中，将"阴影"处于打开状态。由于在场景中，已经有天光在进行全局照明，所以只需要适当调整相应的阴影参数，不要让场景整体照明曝光过度，这样才可以得到比较好的阴影效果。

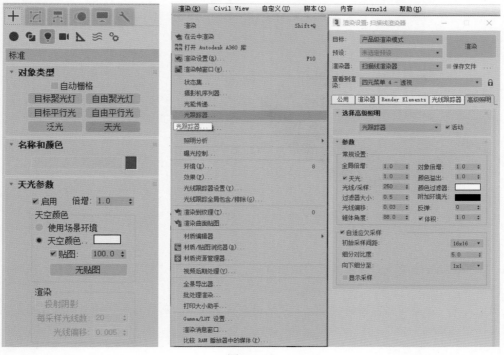

图 2-1-18

**03** 在完成灯光设置后，在透视图中将视图调整到合适的位置，或者使用摄像头，采用摄影机视角，行最后的渲染。按 F9 键进行渲染，渲染结束后，将渲染结果保存为 JPG 格式或 PNG 格式的文件，得渲染效果图（见图 2-1-19）。

图 2-1-19

## 知识储备——关于天光

### 1. 使用单个"天光"和"光跟踪器"渲染模型

当使用默认扫描线渲染器进行渲染时，将"天光"与"高级照明"（光跟踪器或光能传递）结合使用染效果会更佳。

建立天光模型作为场景上方的圆屋顶（见图 2-1-20）。

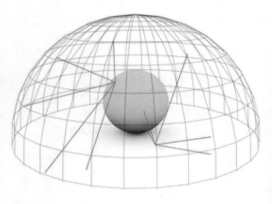

图 2-1-20

**注意**：在 3ds Max 中有多种创建日光模型的方法，但如果使用"光跟踪器"创建日光模型，通常天光能提供最佳效果。

当使用"天光"渲染凹凸贴图的材质时，如果遇到视觉异常，则将材质转换为高级照明覆盖材质，然后减小"间接凹凸比例"值。

### 2. 使用带有天光的贴图

如果使用带有天光的贴图，以下设置可以改善其效果，确保贴图坐标为球形或圆柱形。

对"光跟踪器"来说，确保使用足够的采样。一条经验规则是至少使用 1000 个采样，将"初始采间距"设置为"8×8"或"4×4"，并将"过滤器大小"的值设置为"2.0"。

使用图像处理应用程序模糊以前使用的贴图。有了模糊的贴图，可以使用较少的采样获得较好的效果当与"天光"一起使用时，模糊的贴图将仍然被很好地渲染。

需要注意的是，将足够采样与贴图的"天光"一起使用会延长渲染时间。

### 3. 建筑设计中的天光和光能传递

在向场景中添加天光时，为了正确处理光能传递，需要确保墙壁具有封闭的角落，并且地板和天花的厚度要比墙壁薄。在本质上，构建 3D 模型就应该像构建真实世界的结构一样。

如果所构建模型的墙壁是通过单边相连的，或者地板和天花板均为简单的平面，则在添加天光后处光能传递时，最终这些边会产生"漏光"。

修复模型防止出现灯光泄漏的方法如下。

- 确保地面和天花板具有一定的厚度。通过挤出子对象层级上的曲面或应用"壳"修改器与"挤修改器，可以修复模型防止出现灯光泄露。
- 使用 Wall 命令创建墙壁。通过对 Wall 命令进行编程，可以确保使用固体对象构建边角，而非单个薄边。
- 确保地板和天花板延伸至墙外。地板和天花板分别向墙的下面和上面延伸。
- 通过使用上述方法构建 3D 模型，在向场景中添加天光后处理光能传递时，将不会出现灯光泄漏

### 4. 使用天光的渲染元素

如果使用渲染元素输出场景中天光的照明元素，该场景使用光能传递或光跟踪器，不可以分离灯光直接通道、间接通道和阴影通道。将天光照明的 3 个元素输出到间接通道中。

项目总结

项目内容：该项目是一个将学生领入三维动画领域的很好案例，它既讲述了动画道具制作的整个工作流程，又讲述了利用简单几何体和图形进行三维模型制作的简单方法。同时通过这个项目也给大家明角指出，在制作模型时，首先要了解模型的结构、外形等，然后对模型进行结构分析，最后进入模型的制作阶段。

项目练习：根据提供的资料结合自身的实际情况对下面道具（见图 2-1-21）进行还原，也可以自己设计道具。

图 2-1-21

项目拓展：通过学习本项目，希望学生基本可以掌握简单的模型创建和物件组合方法，另外根据自己生活经验，制作一个家具模型。

# 项目2 《魔兽世界》游戏纪念品啤酒杯

**项目目标：** 了解多边形建模的一般方法，熟悉基础材质制作和静物环境设置。

**项目介绍：** 该项目是对风靡全球的《魔兽世界》游戏纪念品啤酒杯的虚拟实物模拟制作，可用在网络推广上和宣传视频中，本项目对原实物进行了一定程度的修改，以方便学生学习。

**项目分析：** 在制作本项目之前先要了解多边形建模型的一般方法，了解多边形中对象的概念，要仔细观察实物，了解啤酒杯的结构，特别是啤酒杯把手的结构，要按照设计图的比例制作。

**教学建议：** 建议学生事先了解虚拟实体在网络广告和视频广告中的广泛应用，然后向学生展示实体再进行制作。在讲解多边形建模时，要注意布线的概念，让学生在创建模型时，注意如何进行模型网络布线。建议教学时长为10课时。

**学习建议：** 这是学习多边形复杂建模的第一个项目，和实际需求相结合可以使学生发挥一定的创造力，在此过程中掌握基础模型的创建方法和一般产品的展示。

**Chapter1** 马克杯的制作

2-1 项目介绍
与多边形建模

多边形建模是 3ds Max 较为常用且应用广泛的建模方法（曲线建模也是一种通用的建模方法，在后续项目案例中会进行讲解），使用该建模方法可以创建普通建模方法无法创建的复杂曲面模型，如人物角色等。

通常可以通过编辑修改器和选择"转变为可编辑多边形"命令两种方法，把一个对象转换成可编辑多边形并对其子对象进行操作。对于可编辑多边形对象，它包含了顶点、边、边界、多边形、元素 5 种子对象模式，与可编辑网格相比，可编辑多边形具有更大的优越性，即多边形对象的面不仅可以是三角形面和四边形面，而且可以是具有任何多个节点的多边形面。

下面通过创建一个马克杯来介绍多边形建模的一般方法和参数设置。

**01** 仔细观察马克杯的形状，打开 3ds Max 工作界面，进入"创建"命令面板，创建一个圆柱体。选中圆柱体并右击，在弹出的快捷菜单中选择"转换为"→"转换为可编辑多边形"命令，将圆柱体转化为多边形对象。为了能够清晰地看到多边形对象的网格结构，选中视图左上角的"边面"选项（见图 2-2-1）。

 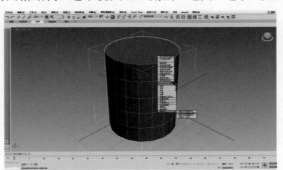

图 2-2-1

进入"修改"命令面板就可以看到多边形对象的属性，这里涉及一个重要的概念"次对象编辑"，多边对象包含顶点、边、边界、多边形和元素 5 个次对象层次，对应不同的次对象及相关命令（见图 2-2-2）。

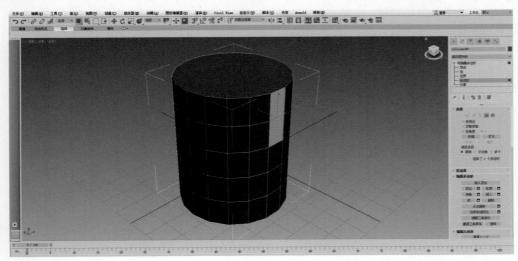

图 2-2-2

**02** 在多边形次对象被选中的状态下，选择圆柱体的顶部，并单击"编辑多边形"卷展栏中的"倒角"按钮，创建倒角。倒角（Bevel）功能非常强大，它不但可以创建出新的面，而且可以在原始多边形对象上以拉伸倒角面的形式创建出各种复杂的多边形对象，另外，还可以通过单击倒角后的"设置"按钮进行数据编辑（见图 2-2-3）。

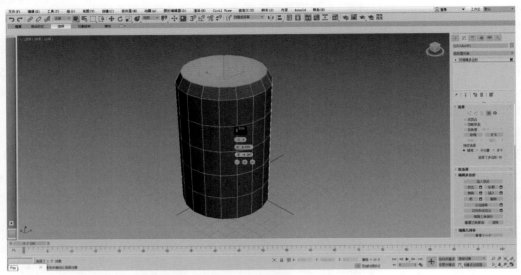

图 2-2-3

**03** 在选中多边形次对象的状态下，单击"插入"按钮，在圆柱体顶部插入一个圆形，通过调整两圆形的直径，就可以创建杯子的厚度。为了精确制作，可以单击"插入"按钮右侧的■，利用数值进行置（见图 2-2-4）。

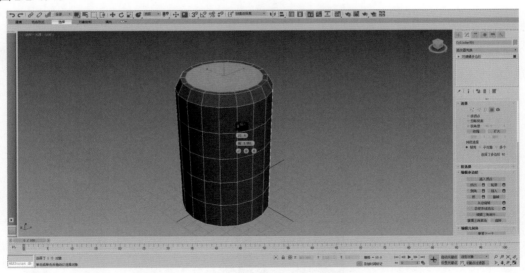

图 2-2-4

**04** 利用"挤出"按钮，将所选多边形次对象向下挤出，拉出如图 2-2-5 所示形状。这里需要注意是，挤出面在形体中的位置，防止挤出面穿过杯体结构。将杯口向下挤出到位后，再利用"倒角"按钮制作杯子底部的倒角形状。在制作时，学生要学会如何观察 4 个视图中杯子形体的变化。

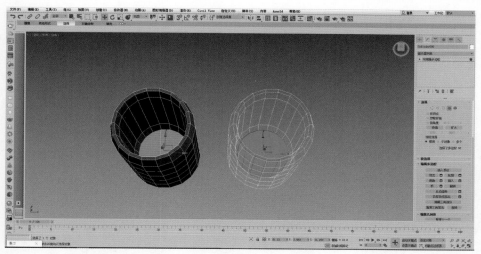

图 2-2-5

**05** 选择圆柱体侧面轴正中的两个面，然后利用"挤出"按钮和"缩放"命令进行杯子把手的形体塑造，在处理形体过程中，要灵活转换到"顶点"的编辑状态，通过对顶点位置的移动、旋转来调整杯子把手形体（见图 2-2-6、图 2-2-7）。

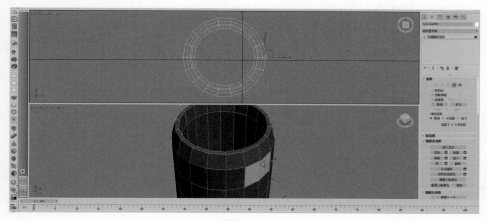

图 2-2-6

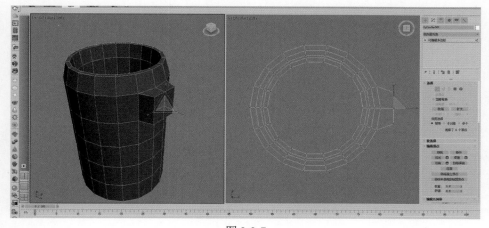

图 2-2-7

**注意：** "挤出"功能对于单一多边形挤出操作没有影响。如果选中两个以上的多边形，则"挤出"功能有 3 种类型可供选择。"组"，以选中的面组合的法线方向进行挤压；"局部法线"，以选中的面的自身法线方向进行挤压；"按多边形"，对选中的面单独沿自身法线方向进行挤压。我们可以看到这 3 种方式所挤出的面的效果是不一样的，可以根据实际建模需要进行选择（见图 2-2-8）。

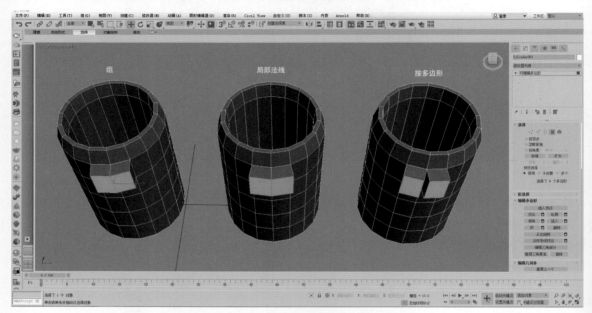

图 2-2-8

**06** 通过对多边形次对象的挤出、缩放操作后创建杯子把手形体，再通过顶点次对象进行细节调整创建杯柄（见图 2-2-9）。这里要灵活转换各个次对象，并利用各个次对象下的编辑命令灵活调整形体。在这里需要注意的是，如何在三维空间中准确地把握各个对象和顶点的位移、旋转方位。

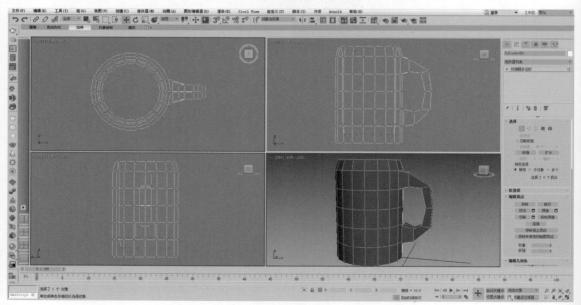

图 2-2-9

**07** 选中杯子把手底端的两个多边形次对象，执行删除操作；再选中相对应杯身上的两个多边形次对象，也进行删除操作，将杯柄和杯身相对应的 4 个面都删除。进入多边形顶点次对象编辑状态，选择"空间捕捉"工具，在打开的"栅格和捕捉设置"对话框中勾选"顶点"复选框，这样就可以将杯身和杯柄相对应的顶点完全重合起来（见图 2-2-10）。

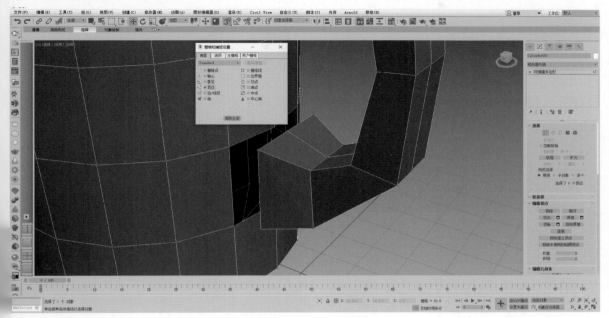

图 2-2-10

**08** 选择要焊接的两个顶点，单击"焊接"按钮，将两个顶点焊接成一个顶点（见图 2-2-11）。

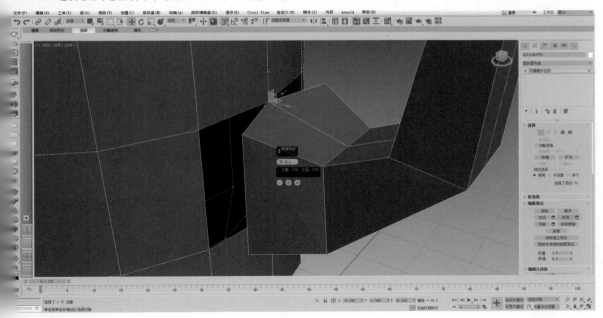

图 2-2-11

**09** 还可以使用另外一种方法将把杯柄和杯身进行结合。选中杯子把手与杯身相对应的 4 个多边形次对象，单击"桥"按钮（见图 2-2-12），3ds Max 自动将 4 个多边形次对象连接起来。

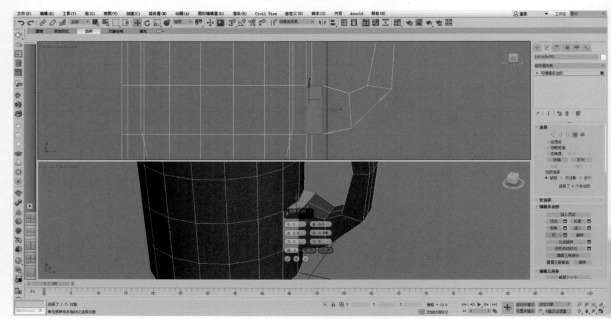

图 2-2-12

**10** 在不选中任何多边形次对象的情况，进入"细分曲面"卷展栏，勾选"使用 NURMS 细分"复选框，将"迭代次数"设置为"2"，这样就创建完一个圆滑的茶杯（见图 2-2-13）。如果想要模型效果更加细滑，则可以提高"迭代次数"的数值。"迭代次数"的数值越高，圆滑的面数也就越多，一般设置为"2~3"即可。

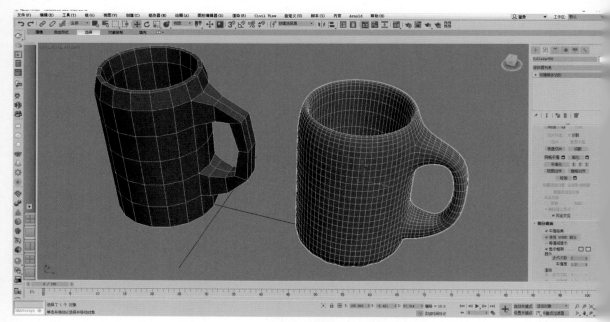

图 2-2-13

从上面的案例我们可以看到，使用多边形建模可以迅速创建一个复杂的模型。在使用多边形建模要灵活转换次对象，并利用相关按钮编辑次对象。

---

**任务小结：**通过制作马克杯，学生可以学习在多边形建模中要合理利用各个次对象的编辑命令或按钮，还要清楚地知道点、线、多边形各自在形体中起到的作用。多边形用来创建形体，点用来修改形体，而线用来辅助生成多边形或点。

---

### ◆ Chapter2 啤酒杯的结构分析

本次项目是《魔兽世界》游戏的衍生产品，极具北欧维京人特色的啤酒杯，我们以此啤酒杯作为参照对象，向大家深入讲解如何进行多边形建模（见图 2-2-14）。

 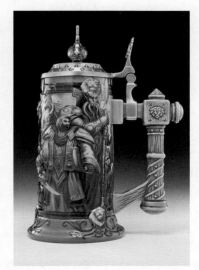

图 2-2-14

无论制作什么物品，在拿到原画设计稿后，我们都要先学会进行结构分析，了解所制作物体的形体细，通过观看轮廓剪影，从正面推测出侧面和俯视的立体起伏关系，并在头脑中形成物体的虚拟三维影像，对解构分析物体有相当大的帮助，因为很多时候我们无法获得非常完整的三视图，大家要尝试着学习。

道具结构的拆分主要分为两个方面：第一个方面是根据模型的形状；第二个方面是根据制造的工艺。个啤酒杯的难点在于它的把柄部分，可以把啤酒杯的结构分成杯身、杯柄和杯盖，然后根据杯身、杯柄杯盖的顺序进行制作，最后完成对啤酒杯静物环境的制作。

### ◆ Chapter3 啤酒杯的形体制作

通过马克杯制作，我们已经基本了解了多边形建模的一般方法，就是利用多边形中的 5 个次对象，通过编辑操作，创造和改变点、线、面的位置，从而来塑造形体。在多边形建模中，可以记住这样一个口诀造形体要用多边形，改变位置要用点，创造点、面要用线"。

下面介绍《魔兽世界》游戏纪念品啤酒杯的形体制作。

2-2 啤酒杯杯身制作 1

2-3 啤酒杯杯身制作 2

2-4 啤酒杯把手制作

2-5 阵列的使用

**01** 先将啤酒杯的侧视图导入 3ds Max 的视图中，用作建模时的参考。在"视图"中，创建一个平面，平面大小与原始参考图纸比例一致，我们可以在前期工作中查看图片数据得到原始参考图样的尺寸，然后将啤酒杯的平面贴图赋予这个平面（见图 2-2-15）。

图 2-2-15

在啤酒杯平面图上右击，在弹出的快捷菜单中选择"对象属性"命令，打开"对象属性"对话框，取消勾选"以灰色显示冻结对象"复选框，单击"确定"按钮，返回视图。打开"材质编辑器-01-Default"对话框，单击"视口中显示明暗处理材质"按钮，这时，就可以看到啤酒杯的参考图（见图 2-2-16）。

图 2-2-16

**02** 在场景中创建一个圆柱体，将圆柱体的大小调整为和图纸的杯身一致（见图 2-2-17）。

图 2-2-17

　　将圆柱体转化为多边形，进入多边形编辑状态。选中圆柱体底部的多边形，按照图纸进行面的挤出和大小调整（见图 2-2-18）。在制作过程中要特别注意，在形体发生变化的地方要多挤出一圈线，其目的是圆滑后能保持形体，而不至于过渡圆滑。以后碰到类似这种圆角形体，可以根据圆角的弧度大小，调整线的密集程度。

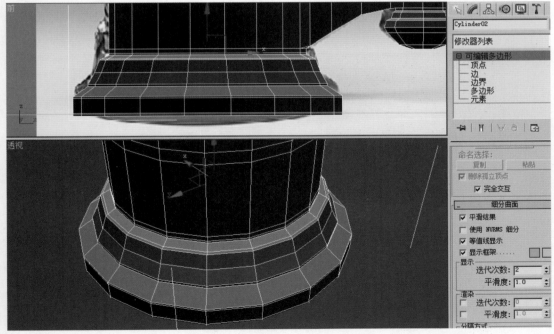

图 2-2-18

**03** 啤酒杯把手的制作流程和马克杯把手的制作流程类似，不同的是，其形体比较复杂，需要仔细观察本的细节变化，并在布线上注意疏密（见图 2-2-19）。

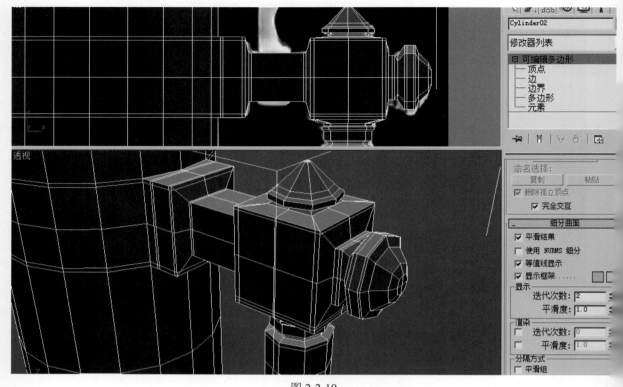

图 2-2-19

　　啤酒杯的把手是本次项目制作中最复杂的形体，需要不断地挤面、调整点的位置。在无法通过线"连接"方式完成布线的情况下，通过"切片平面"按钮来完成（见图 2-2-20），或者通过"点"编辑状态下的"切割"按钮来完成。

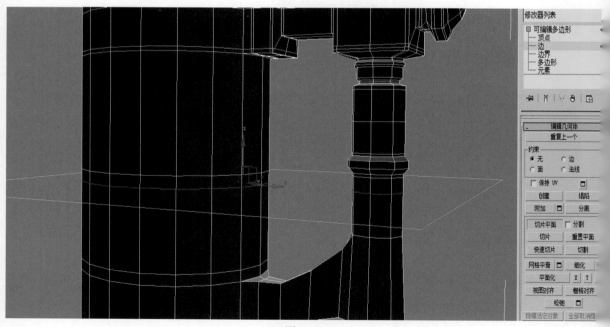

图 2-2-20

对照图纸，通过多边形的创建和点的调整，创建把手基本形状（见图2-2-21）。

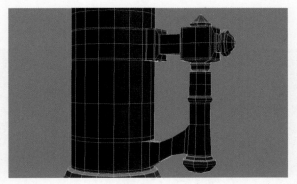

图 2-2-21

分别选中杯身和把手对应的多边形，一定要确保在杯身和把手中选中的多边形形态一致，即点与面的数量一致（见图2-2-22）。

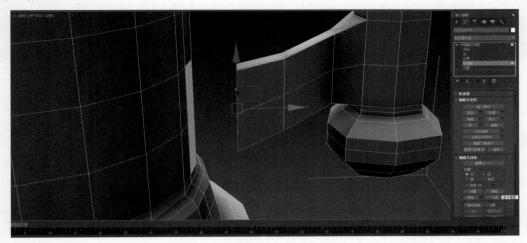

图 2-2-22

单击"编辑多边形"卷展栏中的"桥"按钮，可以将两个面连接起来（见图2-2-23）。

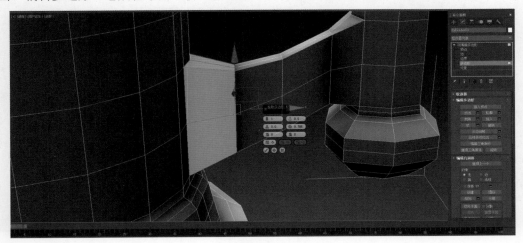

图 2-2-23

啤酒杯的杯盖制作方法和杯身制作方法相同，此处不再做详细介绍。完成多边形模型创建后，可以通过勾选多边形"细分曲面"卷展栏的"使用 NURMS 细分"复选框对物体进行平滑操作，在"显示"选项区中，"迭代次数"的数值越高，平滑效果越细腻，在一般情况下，设置为"2"即可（见图 2-2-24）。

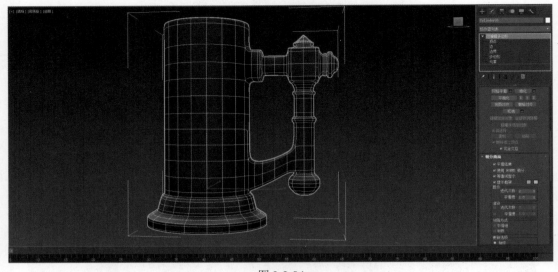

图 2-2-24

在对物体进行平滑时要注意是否有错误的变形，如布线扭曲、多边形变形等，及时发现及时修改网格布线。

**04** 制作啤酒杯的装饰件，该装饰件由多个锥体组成，可以使用"阵列"工具制作锥体。"阵列"对物体按照一定的增量设置进行一系列克隆的工具。在这个案例中，先要对物体旋转阵列的轴心进行调整打开"阵列"对话框，在"增量"选项区中，将 Z 轴的数据调整为"90.0"，表示这个物体沿着自己的心 Z 轴，每旋转 90 度就进行一次复制，在"阵列维度"选项区中，单击"ID"单选按钮，将"数量"置为"4"，表示复制物体的次数，单击"确定"按钮（见图 2-2-25）。

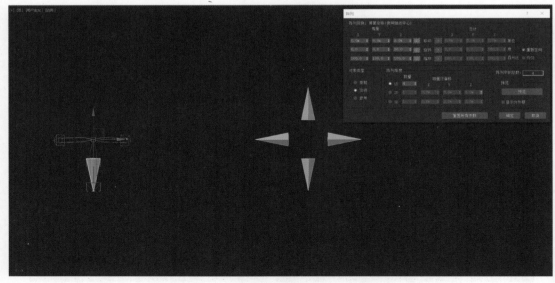

图 2-2-25

**任务小结：** 在啤酒杯的形体制作中，其难点是把手的制作。因为其形体变化比较复杂，我们要综合运用多种创建线的方式，合理地调整点进行形体的塑造。注意在越细致的地方，线必定越密集，在形体变化不大的时要注意布线。

# Chapter4 啤酒杯的材质制作

2-6 金属材质的制作

我们可以通过"材质编辑器-01-Default"对话框来模拟对象的外观属性。单击 🔲 按钮打开"材质编辑器-01-Default"对话框。"材质编辑器-01-Default"对话框是浮动的，这样可以方便用户观察材质。"材质编辑器-01-Default"对话框由两部分组成，上半部分包括菜单、样本球列表框、水平工具栏等，下半部分包括各种参数卷展栏（见图2-2-26）。

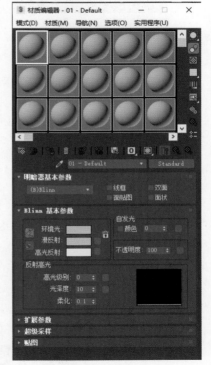

**1. 样本球列表框**

在默认状态下，样本球列表框中的样本球显示为球体，并且一个样本球只显示一个材质，可以通过设置"材质编辑器-01-Default"对话框中的参数来改变材质，并将它赋予场景中的物体。

**2. 垂直工具栏**

在样本球列表框右侧有一个垂直工具栏，各个按钮说明如下。

🔵 **样本类型：** 使用默认球体类型对材质表现的效果最好，也可以选择柱体、立方体等采样类型。

🔘 **背景灯：** 默认有一个背景光，也可以关闭它。

🏁 **背景：** 当编辑透明材质和透明材质贴图时，单击此按钮，样本球列表框将会增加一个彩色方格背景，可以观察透明度程度。

🔲 **采样 UVW 平铺按钮：** 可以在活动实例窗中调整采样对象上的贴图图案重复。

▥ **视频颜色检查按钮：** 用于检查对象上的材质颜色是否超过安全 NTSC 或 PAL 的阈值。

🎞 **生成预览按钮：** 用于在实例窗中预览动画贴图在对象上的效果，可以使用 AVI 文件或 IFL 文件作为动画源。

🔧 **选项按钮：** 控制如何在实例中显示材质和贴图。

图 2-2-26

**3. 水平工具栏**

水平工具栏具有取出材质库中的现有材质，将该材质赋予场景中的模型，对材质库命名，存储材质等功能。

**4. 材质编辑器活动界面**

材质编辑器活动界面是制作材质的区域，根据材质类型的不同层级的不同，其界面设置都会不一样。

材质编辑器活动界面的控制参数分门别类地放置在卷展栏中，

图 2-2-27

通过展开卷展栏可以设置相应的参数，这里是进行材质编辑的主要区域（见图2-2-27）。

**01** 选择一个材质球，将其命名为"金属"，并在"明暗器基本参数"卷展栏中选择"（M）金属"

选项，将"环境光"和"漫反射"设置为不同明度的黄色，将"高光级别"和"光泽度"分别设置为"2
"85"，"高光级别"和"光泽度"的数值设置得越大，越能凸显金属材质的强烈高光。

　　"明暗器基本参数"卷展栏包括7种明暗器，不同类型的明暗器都有各自的控件界面，3ds Max 扌
的7种不同类型的明暗器主要是为了模拟不同对象的材质（金属、塑料）在光照下的效果（见图2-2-
图2-2-29）。

图 2-2-28

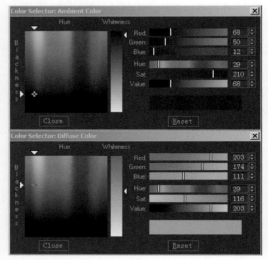

图 2-2-29

**02** 选择 Reflection 反射贴图，打开"贴图"卷展栏。勾选"反射"复选框，设置"贴图类型"为"Falloff
Falloff 贴图类型是一种过渡贴图，这种贴图在制作玻璃或透明材质时经常使用。看一看它的参数，一般
用默认参数就可以满足用户的需求。将"衰减类型"设置为"垂直/平行"，"衰减方向"设置为"查看
向（摄影机 Z 轴）"，这样设置后在反射贴图上的贴图始终面向摄影机方向。

　　在黑色块上放入一张已经准备好的具有黄色基调的环境图片，在白色块上放入"光线跟踪"材质，
用 Falloff 可以让位图和光线跟踪两种贴图通过灰度值的变化融合在一起。这样做是为了让金属更好地
现其不规则的反射质感（见图2-2-30）。

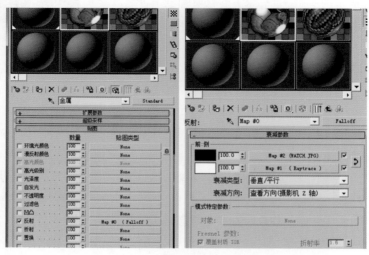

图 2-2-30

**03** 下面介绍杯身的玻璃制作方法。重新选择一个材质球，命名为"玻璃"，将材质类型从原来的"标更改成"光线跟踪"。进入"光线跟踪基本参数"卷展栏后可以发现，和标准材质的调试有很大的不按照如图 2-2-31 所示设置参数。

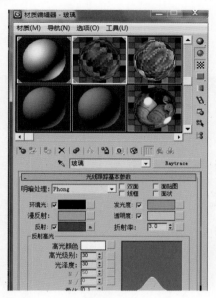

图 2-2-31

务小结：材质制作的好坏会直接影响最后展示的效果。材质制作的重要原则就是要准确、真实地展现物体各个部位的色彩、肌理、纹理等。通过对材质编辑器不同类型材质、不同类型贴图的综合运用，可以创建出不同的材质效果。

## 知识储备——"材质编辑器"对话框

"材质编辑器"对话框就是对模型所附加的材质参数进行设置编辑，以达到用户想要的模型材质效果。

### 1．基本材质属性

我们可以设置基本材质属性来控制曲面特性，如默认颜色、反光度和不透明度级别。仅使用基本材质就能够创建具有真实感的单色材质。

### 2．使用贴图

通过应用贴图来控制曲面属性，如纹理、凹凸度、不透明度和反射，还可以扩展材质的真实度。大多基本材质属性都可以使用贴图进行增强。任何图像文件都能作为贴图使用，或者可以根据设置的参数来创建图案的程序贴图。

3ds Max 也包含用于创建精确反射和折射的光线跟踪材质与贴图。

### 3．查看场景中的材质

用户可以在着色视图窗口中查看对象材质的效果，但该显示只是接近最终的效果。在渲染场景中可以精确地查看材质。

**Chapter5** 静物环境设置与展示

下面来设置静物的环境。

**01** 先用"平面"创建一个地面，在杯子的上方使用"泛光灯"创建一个等边三角形的灯光阵列，每盏泛光灯都将"倍增"设置为"0.5"。这样整个场景不至于因为放置了 3 盏泛光灯而过亮（见图 2-2-32）。

图 2-2-32

**02** 在泛光灯的上方放置多块立方体，并赋予它们自发光材质，作为反光板。反光板的主要作用是使光线在光滑反射表面上的表现更加出色。需要注意的是，在这个过程中，要不断调整灯光的位置与参数，直到得到想要的效果（见图 2-2-33）。

图 2-2-33

项目总结

项目内容：本项目是多边形建模的入门案例，虽然简单，但是将多边形建模的精髓部分都展露其中，'创造形体靠面，改变形体靠点，创建顶点靠线"是多边形建模的最好注解。通过这个项目，希望学生学会如何灵活应用"材质编辑器"对话框来进行各类材质的模拟，以及如何设置静物渲染环境的方法，对类似项目的制作奠定基础。

项目练习：根据下面提供的资料结合自身的实际情况制作灯具（见图2-2-34）。

图 2-2-34

项目拓展：通过学习本项目，希望学生可以掌握较为复杂模型的创建方法，还可以根据自己的生活经，制作一些复杂形体的物体。

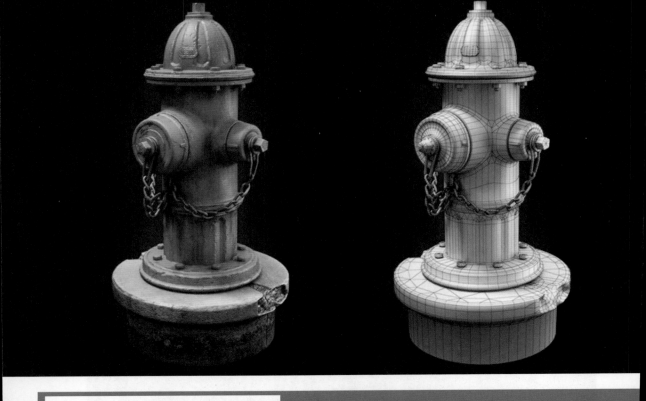

# 项目 3　红色消防栓

项目目标：了解复杂道具的制作过程、多边形模型的创建、UVW 展开及 PBR 材质的设置。

项目介绍：该项目是对游戏动画场景中常用的道具消防栓进行再创作。

项目分析：在制作本项目之前先要了解所创建道具的比例和结构。重点是了解多边形建模的常用方法和技巧；复杂多边形的 UVW 展开和材质贴图的制作。

教学建议：建议学生先学会自我观察，分析消防栓的结构，然后结合项目分解对其有相对直观的展示和感受。建议教学时长为 6 课时。

学习建议：这是学习多边形建模的一个项目，可以先观察实物消防栓，同时结合我们的创造力，设计制作消防栓。在学习过程中掌握道具的创建方法和展示技巧。

## Chapter1　消防栓的结构分析

在生活中寻找消防栓，结合拍摄的照片，分析消防栓的整体结构和造型（见图2-3-1）。

消防栓的结构主要由四部分组成：第一部分是消防栓的栓帽，它的造型是半圆形，半圆形具有凹凸起伏感；第二部分是消防栓的主体部分，它的造型是圆柱体，在圆柱体的上方有3个出水口，这3个出水口的位置结构不同；第三部分是消防栓的出水口盖，它的造型是圆柱体，和栓帽一样有凹凸的起伏感；第四部分是消防栓的栓底，它用于连接地

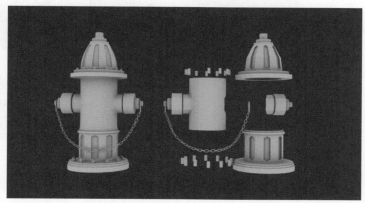

图 2-3-1

下的水管，它的造型和出水口盖的造型相似。在创建消防栓时可以根据分析出的整体结构进行制作。

## Chapter2　消防栓模型的制作

通过分析消防栓的整体结构，找到最便捷的建模方法，用多边形建模的方法进行消防栓模型的制作。

3-1 项目介绍与消防栓主体建模1

3-2 消防栓主体建模2

3-3 路径变形做链条

**01** 先将参考图导入视图区，基于消防栓是圆柱体的基本形态，在场景中按照参考图中消防栓的框架形状创建一个圆柱体，将圆柱体转变为可编辑多边形，将圆柱体对齐在参考图上，删除圆柱体的上下面，方便以后创建模型（见图2-3-2、图2-3-3）。

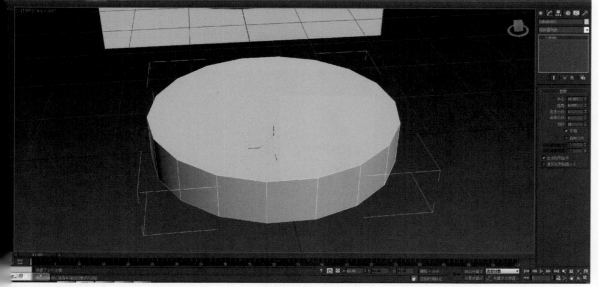

图 2-3-2

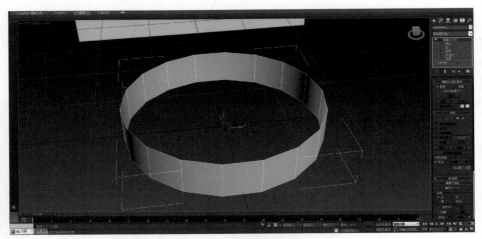

图 2-3-3

**02** 对于这种形态的模型，在创建模型过程中，可以考虑使用"编辑多边形"命令，选择"边界"次对象按住 Shift 的同时配合鼠标来快速拉伸模型的边缘，创建出模型的基本形态，并不断拉伸形体（见图 2-3-4图 2-3-5）。

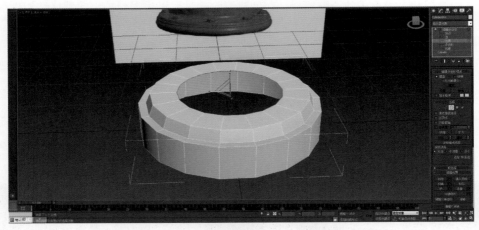

图 2-3-4

图 2-3-5

**03** 对于创建消防栓模型来说，先要把握模型的大体形态，不要一开始就纠结细节的创建，细节部分是在消防栓模型的后期慢慢添加的，当然在前期就要考虑添加细节的方法和预留的部分。

当消防栓模型基本形态创建完成后，选择多边形次对象中的"边"对象，选择圈线，选择"连接边"命令，在消防栓柱体部分添加线，通过添加线，创建消防栓柱体中间的凸起部分（见图2-3-6、图2-3-7）。

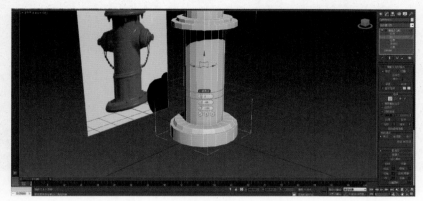

图 2-3-6

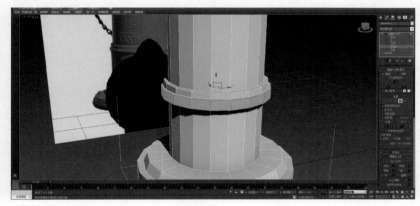

图 2-3-7

**04** 使用"缩放"按钮，对新创建的边线进行缩放操作，改变消防栓模型的形态（见图2-3-8）。

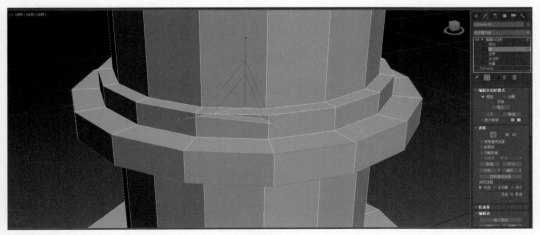

图 2-3-8

**05** 在消防栓模型的顶部，使用"连接"按钮创建出洞口的线，然后使用"桥"按钮对相互对称的多边形面的缺口进行补面使其完整（见图2-3-9、图2-3-10）。

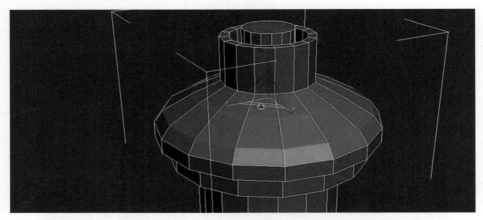

图 2-3-9

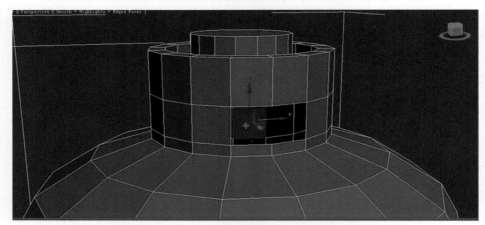

图 2-3-10

**06** 在消防栓模型圆柱体加线，为创建消防栓出水口盖布线（见图2-3-11）。

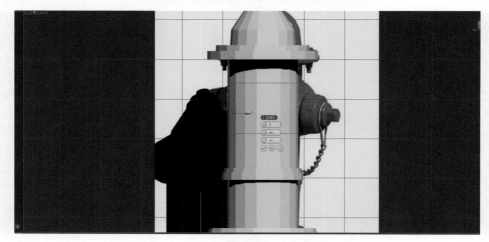

图 2-3-11

**07** 对于消防栓模型的最终效果，需要添加网格平滑，涡轮平滑或多边形次对象下的细分曲面来使得模型平滑，所以在消防栓模型制作过程中，要通过布线使得形状尽可能平滑，才能使消防栓模型的最终效果更加完美（见图2-3-12）。

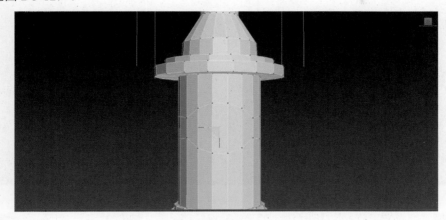

图 2-3-12

**08** 对该面进行挤出操作，然后通过插入面，不断进行挤压操作，制作消防栓出水口盖的结构（见图2-3-13、图2-3-14）。

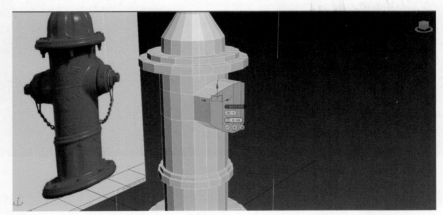

图 2-3-13

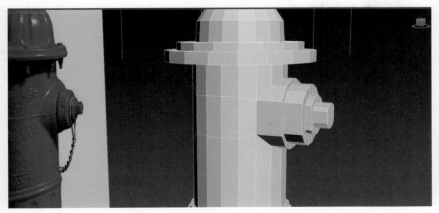

图 2-3-14

**09** 对于消防栓模型的侧面出水口盖部分，使用相同的制作方法（见图 2-3-15、图 2-3-16）。

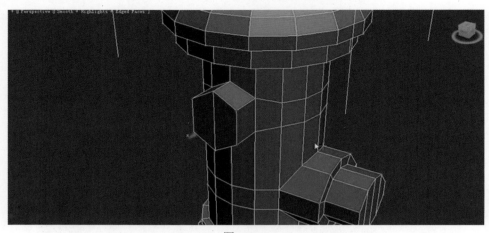

图 2-3-15

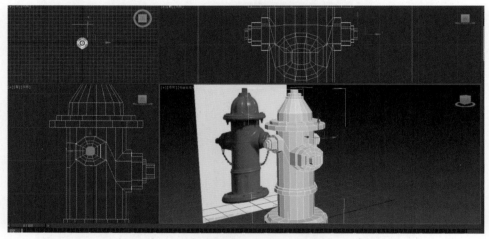

图 2-3-16

**10** 这样消防栓模型的基本结构就创建出来了。添加"光滑"命令后，发现消防栓模型整体光滑过渡，所以需要对消防栓模型的边进行卡边操作（见图 2-3-17）。

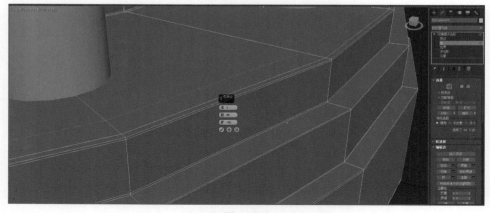

图 2-3-17

**11** 最后，添加完消防栓模型边缘的布线后，给模型整体添加网格平滑或涡轮平滑，然后检查模型的布线，此时模型的创建就完成。

## ◆ 知识储备——PBR 材质流程

在本案例中，我们将使用 PBR 材质流程制作消防栓材质与渲染输出。

### 1. PBR 是基于物理规则的全新渲染方式

PBR（Physically Based Rendering）是一种全新的渲染方式，其对应的是一种全新的工作流程；在 PBR 流程中，游戏中的场景表现将更加符合物理规则，对于光照的计算也更符合现实，PBR 的目标是基于物理的渲染，它对目前视觉开发而言是一种变革性的技术。

PBR 的核心理念是让材质和光照按照现实中的物理数据来进行调节，代替以前那种靠感觉调节参数的思路。也就是说，现在有一个明确的材质和灯光参数表，大家参照参数表调节即可，这样即使是不同的引擎和项目，灯光和材质都倾向于统一，也就是倾向于写实。

### 2. PBR 与实时渲染

可以说 PBR 是为实时渲染服务的。传统贴图流程是在建模软件中设置灯光及环境，创造出环境对物体的影响，在特殊情况下还会创造出阴影。在游戏引擎中，环境光照一旦发生变化，物体一旦移动，必然会穿帮。而 PBR 则只关心物体的物理属性，一旦给定了数据，无论在任何光照条件下都能正确呈现出物体本来的样子（见图 2-3-18）。

图 2-3-18

### 3. Substance 的介绍

Substance 是 Allegorithmic 公司开发的一款 PBR 美术制作工具，包括 Substance Printer 和 Substance Designer 等软件。Substance Painter 是一款 PBR 贴图绘制软件，我们可以将模型导入该软件，然后输出 PBR 贴图。Substance Printer 2019 是本书主要使用的 PBR 贴图绘制软件（见图 2-3-19）。

图 2-3-19

### 4. UVW 是 PBR 贴图从 2D 映射到 3D 的桥梁

如果想要把贴图准确地贴到模型上，则需要使用三维软件 UVW 方式的贴图坐标模式。而使用这种模式的前提是该模型已经把 UVW 展开了，模型中包含着 UVW 数据。在使用 Substance Painter 绘制贴图之前，模型必须展开 UVW。

UVW 展开类似将一个纸盒剪开，使其平铺在桌面上。UVW 存在的意义就是告诉渲染引擎，如何把一张 2D 贴图上的数据映射到 3D 模型上，其过程就像将一张贴图包裹在模型上，而如何去包裹会有很多种方法，所以这时就需要 UVW 告诉引擎，如何将贴图按照我们想要的方法包裹住模型。制作 PBR 贴图就需要开展 UVW。那么在什么情况下不需要展开 UVW 呢？例如，一个新浴缸，其表面光滑、颜色单一，整体光泽度一致，这时可以不用展开 UVW。但是，如果想要在浴缸的某个地方产生写实效果，比如年代长一点，有了水垢、掌纹、手印，这就需要展开 UVW。

 **Chapter3** 消防栓材质制作

**01** 先给制作完的消防栓进行 UVW 展开，这是制作精细材质的必要步骤。选择消防栓未平滑状态下的多边形形体模型，在

 3-4 UVW 展开 1

 3-5 UVW 展开 2

 3-6 SUB 材质制作 1　3-7 SUB 材质制作 2

 3-8 SUB 材质制作

"编辑"命令面板中选择"UVW 展开"命令。打开"编辑 UVW"对话框，我们发现消防栓的 UVW 图是乱的（见图 2-3-20）。

**02** 在 UVW 展开"边"状态下，选中所有物体，单击"快速平面贴图"按钮，可以得到消防栓形体的 UVW 图，但是现在的 UVW 图仅仅只是物体的一个投影，要对其设置分割线，将物体的各个部件展开（见图 2-3-21）。

**03** 在 UVW 展开的次对象"边"的状态下，选中分割线，然后在"编辑 UVW"对话框中右击，在弹出的快捷菜单中选择"断开"命令，使用分割线分割次对象"边"（见图 2-3-22）。

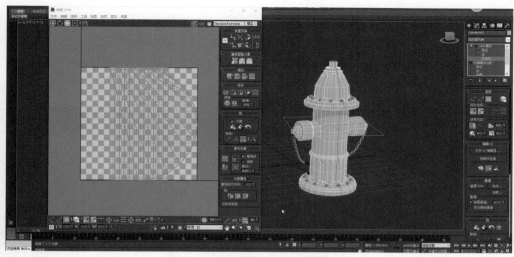

图 2-3-20

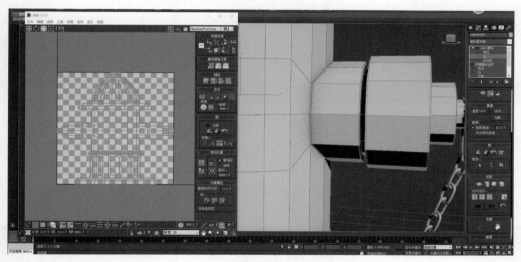

图 2-3-21

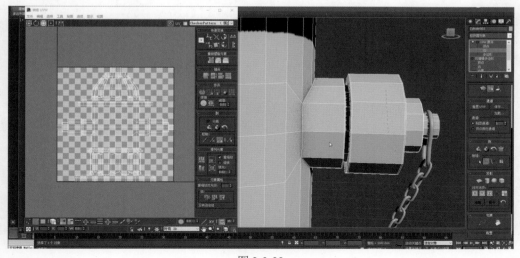

图 2-3-22

**04** 在 UVW 展开的次对象"多边形"的状态下，选中分割出来的多边形，然后在"编辑 UVW"对话框中，单击"松弛"按钮，将数量设置为"1"，直到相关部分的 UVW 趋向完成平铺，就可以停止松弛操作，按照此方法，可以逐步将各个选取部分的 UVW 平面铺开（见图 2-3-23）。

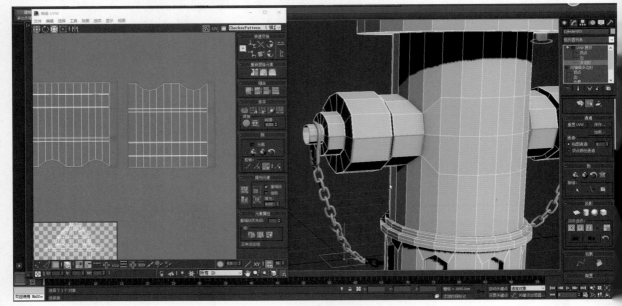

图 2-3-23

**05** 将消防栓形体全部进行 UVW 拆分并铺平后，在材质球中，制作一个棋盘格材质球，并赋给物体。由于物体的不同部位棋盘格大小不一致，有些地方甚至还会扭曲变形，接下来要对不同部位的 UVW 展开的大小和形体进行调整，最终目的是保证消防栓所有部位的棋盘格大小一致且没有扭曲变形（见图 2-3-24～图 2-3-27）。

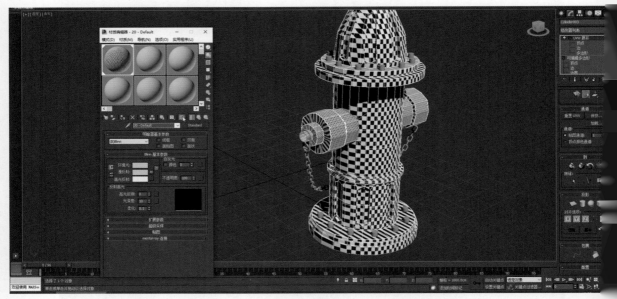

图 2-3-24

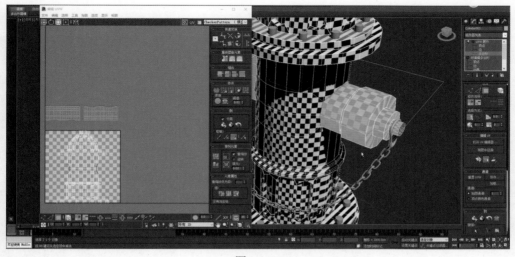

图 2-3-25

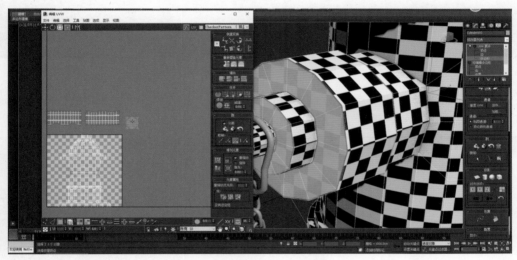

图 2-3-26

图 2-3-27

**06** 将所有的 UVW 平铺图放在方格图内并进行排版（见图 2-3-28）。

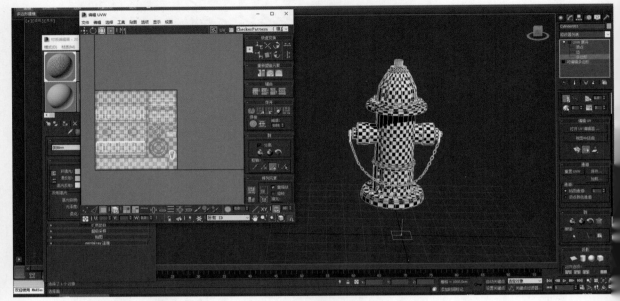

图 2-3-28

**07** 将完成 UVW 拆分的消防栓保存为 FBX 格式的文件，FBX 格式文件最大的作用是在 3ds Max、Maya、Softimage 等三维软件之间进行模型、材质、动作和摄影机信息的互导（见图 2-3-29）。

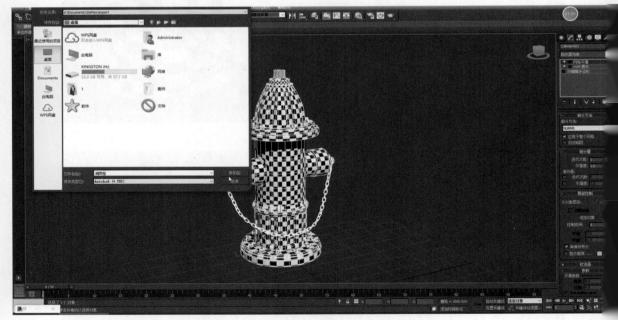

图 2-3-29

**08** 打开 Substance Printer 工作界面，新建一个项目，将"消防栓.FBX"文件导入，并将"文件分率"设置为"2048"（见图 2-3-30、图 2-3-31）。

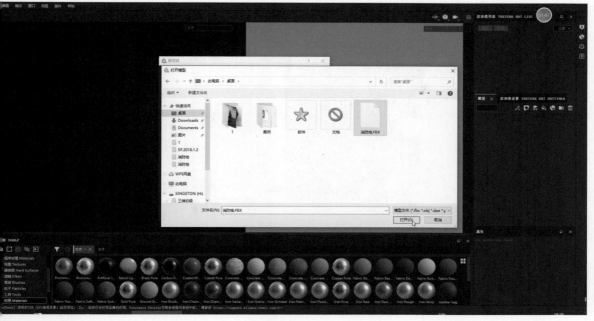

图 2-3-30

图 2-3-31

**09** 消防栓已经被放置在 Substance Printer 视图窗口中，左侧是消防栓立体贴图效果，右侧是平面 UVW 贴图效果（见图 2-3-32）。

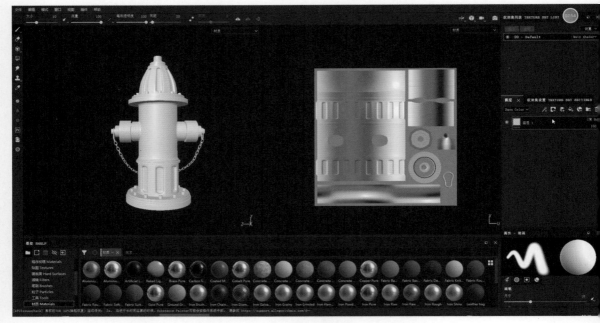

图 2-3-32

**10** 在最右侧的操作面板中，选择"纹理集设置 TBXTURE SBT SBTTINGS"面板，单击"烘焙材贴图"按钮，将 7 张主要的 PBR 贴图进行烘焙（见图 2-3-33、图 2-3-34）。

图 2-3-33

图 2-3-34

**11** 在 Substance Printer 视图窗口下面的展架 SHBLF 中选择"智能材质 Smart materials"选项，选择"Machinery"材质，将此材质拖入图层面板中，或者直接拖入视图窗口中的消防栓上，将"Machinery"材质赋给消防栓（见图 2-3-35）。

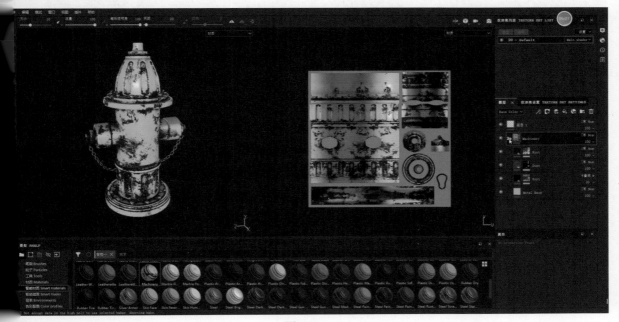

图 2-3-35

**12** 在"图层"面板中，单击"Machinery"图层左侧的文件夹图标，可以看到智能材质由多个贴图合而成，在这里可以设置基本底色、粗糙度、金属度等，选中"Metal Base"图层，把原来的黄色设置红色（见图 2-3-36、图 2-3-37）。

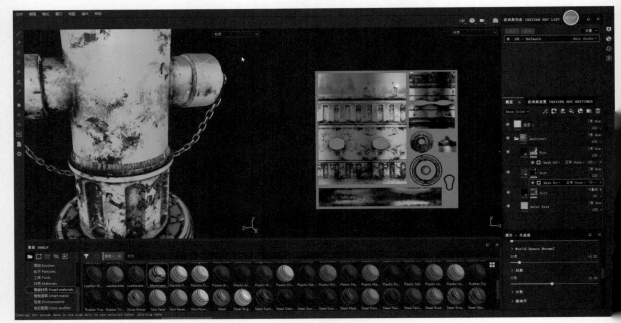

图 2-3-36

图 2-3-37

**13** 如果想要将铁链换成其他材质，则可以在"图层"面板中，放置一个新的智能材质，可以发现放入的智能材质将原来的红色锈迹材质覆盖了。Substance Printer 图层的概念与 Photoshop 图层的概念似，上面的智能材质会覆盖下面的智能材质，所以要给新材质图层添加一个黑色遮罩，选择"几何体填工具，然后选中铁链，取消图层选取后会发现，新设置的金属材质只覆盖在铁链上。还可以在"属性充"面板中调整铁链金属材质的属性（见图 2-3-38～图 2-3-40）。

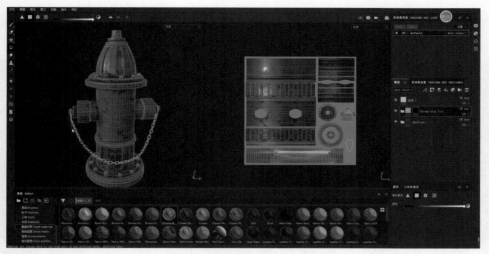

图 2-3-38

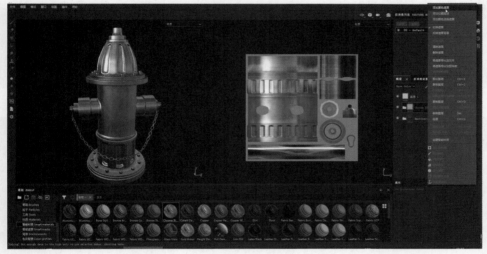

图 2-3-39

图 2-3-40

**14** 在红色铁锈智能材质中，在底色贴图上再创建一个新的贴图，并在这个贴图的"Alpha 透贴" 放入一个透贴图案，设置此透贴图案的属性（见图 2-3-41、图 2-3-42）。

图 2-3-41

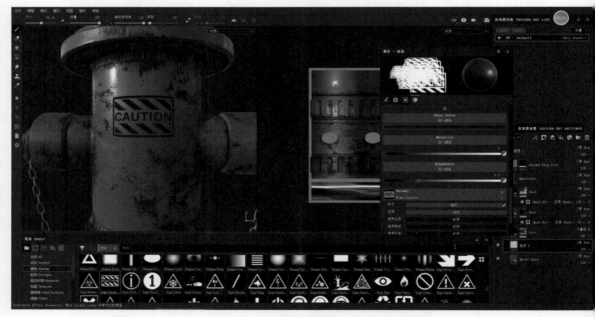

图 2-3-42

**15** 为了达到更好的效果，可以给图层添加一个"MatFx Detail Edge Wear"滤镜，并调整其滤镜的 性，加强印刻凹凸的效果如图 2-3-43、图 2-3-44 所示。

图 2-3-43

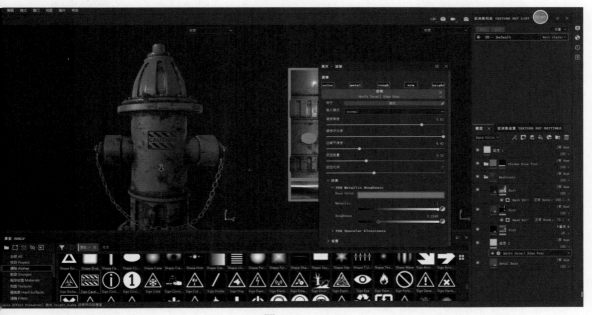

图 2-3-44

**16** 创建一个新图层，将这个图层只保留法线属性，并按照需要，选中一个"硬表面"图形拖曳到法线属性中，并调整其属性，利用鼠标在透贴图案的四角添加纽扣效果（见图 2-3-45～图 2-3-47）。

图 2-3-45

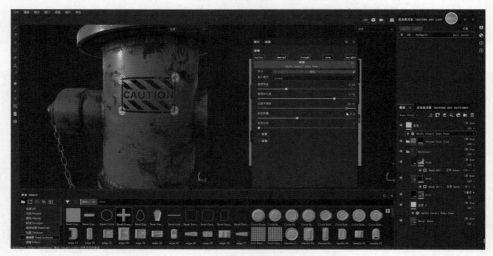

图 2-3-46

图 2-3-47

**17** 单击视图窗口右上角的"渲染"按钮，调整渲染的相关属性，主要是渲染背景、阴影效果等，得到最终渲染效果图（见图 2-3-48、图 2-3-49）。

图 2-3-48

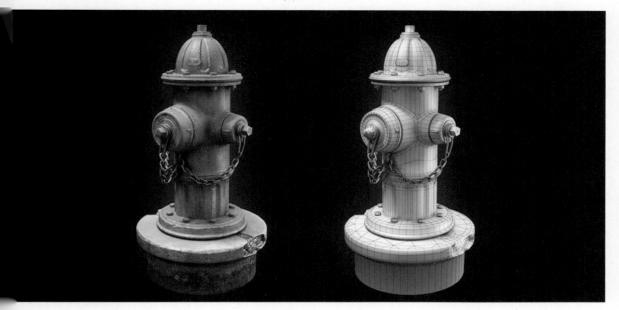

图 2-3-49

## 项目总结

**项目内容**：本项目是多边形建模的一个进阶案例，主要让学生了解复杂模型的制作流程，如何利用 3ds x 中的多边形创建自己想要的模型，掌握如何利用多边形修改工具，以及利用 Substance Printer 进行 PBR

材质制作与渲染的方法。

　　**项目练习：**根据提供的图片和网络资料制作游戏（动画）场景道具（见图 2-3-50）。

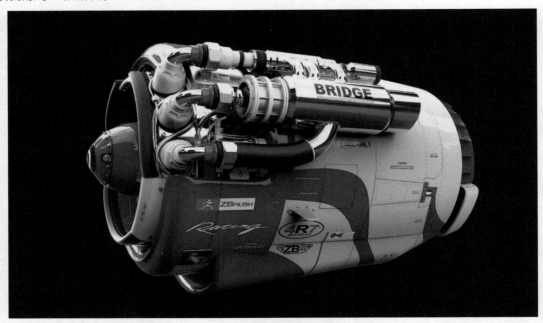

图 2-3-50

　　**项目拓展：**通过学习本项目，学生可以尝试制作更加复杂的模型。

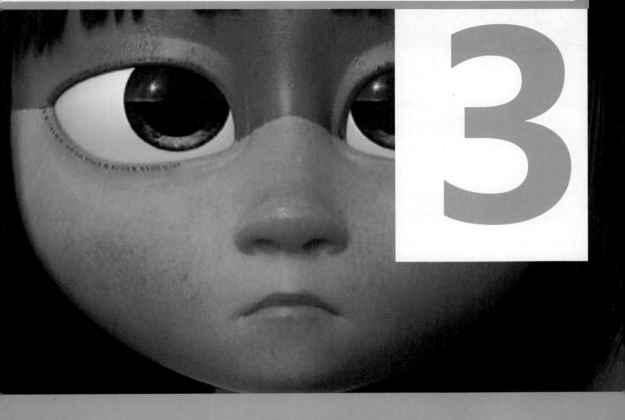

# 第 3 篇

## 动画角色制作——从形到神的塑造

# 3

　　角色是动画模型中对建模要求最高的一种
型，代表了建模的最高水准，其中所涉及的建
方法、插件也是最多的。角色模型被广泛应用
电影、游戏、娱乐、虚拟现实、工业仿真、医
等众多领域中。

**动画角色的结构分析**
**多种建模方法在角色形体上的实践**
**Substance Painter 深度使用**
**各类插件的综合应用**

## 项目 4　可爱小黄人

**项目目标**：深入了解多边形建模，初步学习卡通角色建模的方法和技巧。

**项目介绍**：该项目是动画电影《神偷奶爸》中非常受人喜欢的角色——小黄人角色建模。

**项目分析**：在制作本项目之前先要了解卡通角色身体的一般结构，深入了解多边形建模在角色动画中的实际运用，特别是五官建模的结构布线，要注意按照设计图的比例制作，还要特别注意对脸部特征刻画。

**教学建议**：建议学生先学会观察角色，分析小黄人的身体结构和角色特征，然后展示已完成的小黄人模型分解，让学生有相对直观的感受。建议教学时长为 8～12 课时。

**学习建议**：这是多边形建模的深入学习项目，特别是角色脸部的结构和布线的方法，在学习过程中握简单类人模型的创建方法和展示技巧。

## Chapter1    小黄人的结构分析

这次要制作的动画角色是大家都认识的一位电影明星——小黄人（见图3-1-1）。

小黄人长得肥肥的，黄色胶囊体型，永远穿着背带裤，小撮头发。性格吵闹、易满足、爱享受、听主人话、乐于助人。小黄人整体造型为胶囊装，没有真人般的体型。大家可以按照参考图进行制作，本项目的制作难点是头部，其次是手和脚，这两部分的制作方法相同。

图 3-1-1

第一次制作角色类模型项目时，对动画角色造型进行分析是一件非常重要的事情。当设计师在进行动画角色设计时，他要按照项目剧本赋予该动画角色性格、脾气等具有鲜明个体风格的元素，所以在制作三维模型之前，我们也要去了解赋予这个动画角色的元素，如它的形态是这么样的、它的性格是什么样的、它爱吃什么东西、它说话应该是什么样子等，这些元素都是塑造动画角色的前提条件。

设计师可以想象一下，当制作完这个动画角色后，它应该是什么样子的，使其形象鲜活起来。当设计师有了模型的想象样子后，综合应用所学的建模知识，对动画角色身体的每个部件的建模方法都做个预设，如可以直接使用几何体中的球体制作动画角色的眼镜，可以利用二维图形的车削制作火箭筒。

 ## Chapter2    小黄人模型的制作

4-1 项目介绍与小黄人身体建模　　4-2 身体模型细节刻画　　4-3 模型附件细化

通过对小黄人进行结构分析可以帮助设计师寻找到最便利的建模方法，利用多边形建模型方法创建角色模型。因为这个角色的头部和身体部分的联系是比较紧密的，所以一起创建头部和身体部分。特别注意口腔部位的制作，注意布线问题。要独立创建牙齿。

**01** 基于小黄人是胶囊体的基本形态，所以在场景中创建球体，设置球体片段数为"20"，转换为可编辑多边形。由于使用多边形建模有很大的自由度，因此可以根据自己的习惯找到合适的制作方法。这里需要注意的是，要合理选择多边形建模中的次对象并使用各个命令，使建模过程更加便利和科学（见图3-1-2）。

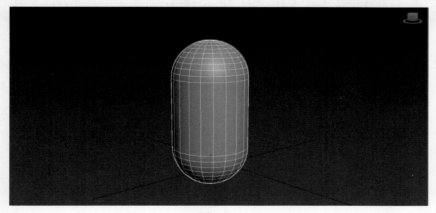

图 3-1-2

**02** 小黄人的潜水镜造型类似眼镜，它的整体造型是两个圆柱形，制作思路是先创建一只眼镜，再利用复制功能创建另一只眼镜（见图3-1-3）。

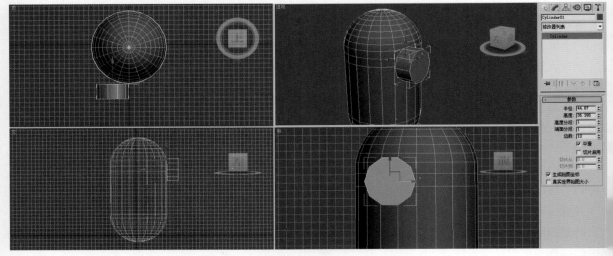

图 3-1-3

**03** 将创建好的圆柱形转换为可编辑多边形，删除顶面和底面（见图3-1-4）。

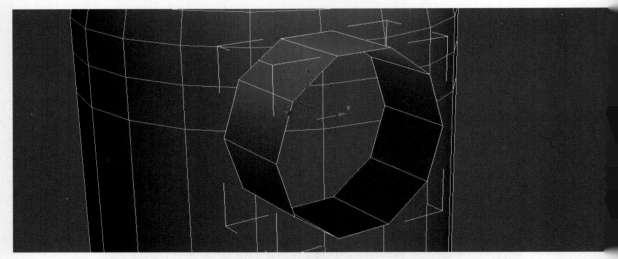

图 3-1-4

**04** 选中"边"次对象中的环形线，选中一段后，单击"循环"按钮，就可以将一圈边线都选中，然进行线的"挤出"操作，这样就可以形成上下一个圈边面，对该模型进行复制操作（见图3-1-5、图3-1-6

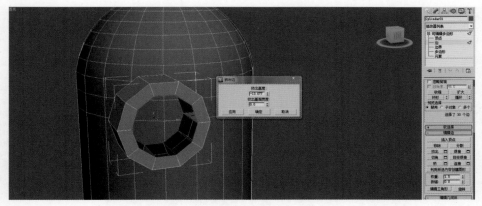

图 3-1-5

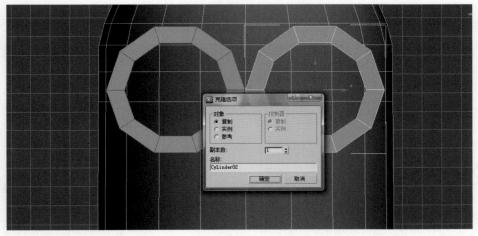

图 3-1-6

**05** 将两圆柱形进行连接，删除相交的面，在"顶点"次对象下选择相应的点，通过"焊接"进行对点的缝合。在进行点的焊接时，要注意选点的准确性，不要将不相关的点进行焊接，这里可以通过提高"焊接阈值"来进行控制，如果焊接阈值过小，则点是无法被焊接的。也可以通过手动操作拉近需要焊接点与点之间的距离，这里要灵活使用"捕捉工具"（见图 3-1-7、图 3-1-8）。

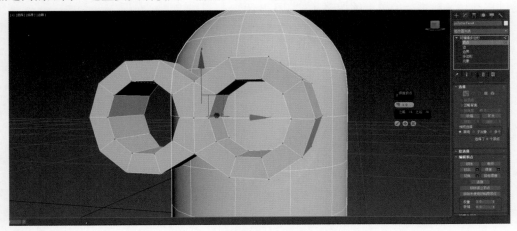

图 3-1-7

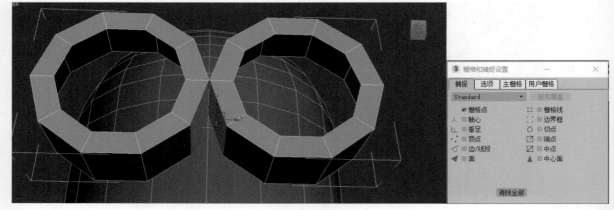

图 3-1-8

**06** 调整顶点，配合胶囊体型完善眼镜的形状（见图 3-1-9）。

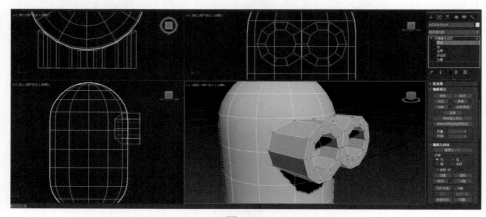

图 3-1-9

**07** 在该模型中，需要对倒角的造型进行细化处理，它又被称为卡线，卡线一般采用添加循环线的方法来完成。有很多添加循环线的方法，这里只介绍两种。

第一种方法，需要在"边"次对象下操作，先选中需要创建循环线的所有线段，然后使用"连接"命令，通过移动循环线进行位置上的调整（见图 3-1-10）。

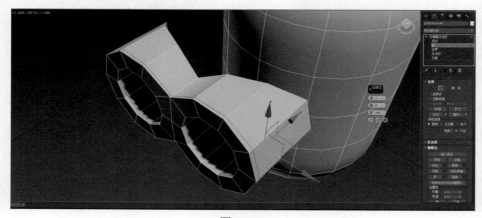

图 3-1-10

第二种方法，在"多边形"次对象下操作，先选中需要创建循环线的多边形，然后使用"倒角"命令，就可以产生循环线（见图3-1-11）。

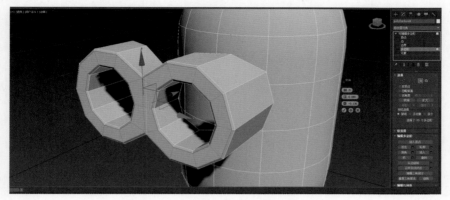

图 3-1-11

**08** 小黄人眼睛的制作。小黄人的眼睛分为眼球和眼皮两部分。眼球使用球体做造型，眼皮在眼球的基础上，删除一半的面，并对剩余的面进行整体挤压，调整眼睛的位置（见图3-1-12）。

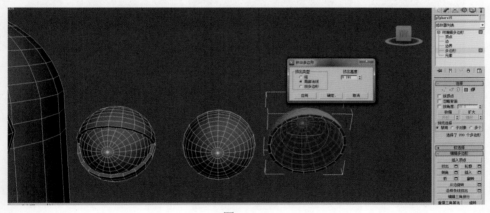

图 3-1-12

**09** 小黄人眼镜带子的制作。使用面分离的方式，将头部的相应面进行分离和挤出操作。在进行分离时，注意分离的方式。将分离出来的面进行挤出操作，就可以制作出具有厚度的带子（见图3-1-13、图3-1-14）。

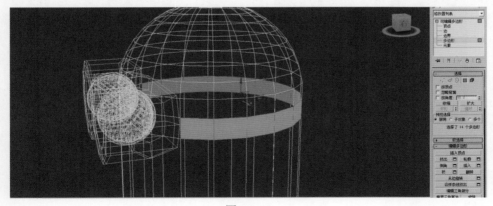

图 3-1-13

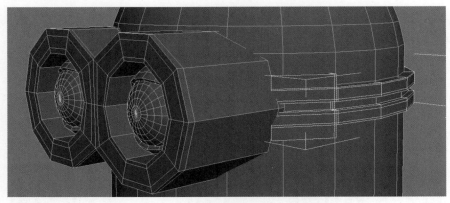

图 3-1-14

**10** 小黄人嘴巴的制作。小黄人嘴巴的制作要遵循口轮匝肌的基本构造。选择嘴巴的 4 个面，然后对这 4 个面进行挤压操作。最后根据参考图片，在"点"次对象状态下，通过调整节点位置调整嘴巴的形状（见图 3-1-15）。

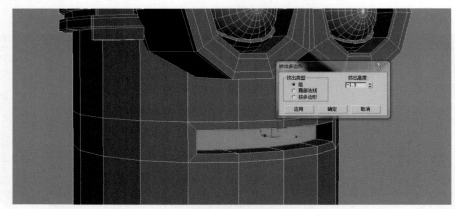

图 3-1-15

**11** 口腔、牙齿和舌头的制作。先创建立方体，在立方体的基础上进行多边形的编辑。在这个过程要灵活使用"自由变形"命令，提高制作效率（见图 3-1-16）。

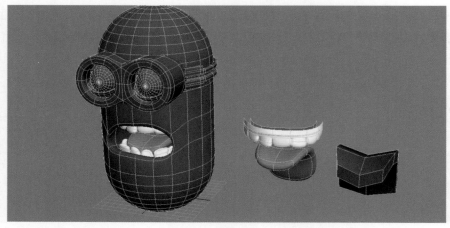

图 3-1-16

**12** 手臂的制作。选择身体两侧的 4 个面插入手臂，调整点的位置，然后对插入后的 4 个面进行两次挤压。这里需要注意的是，选取的多边形面最好是沿着 *X* 轴、*Y* 轴、*Z* 轴的方向（见图 3-1-17、图 3-1-18）。

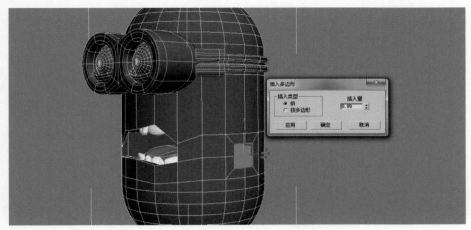

图 3-1-17

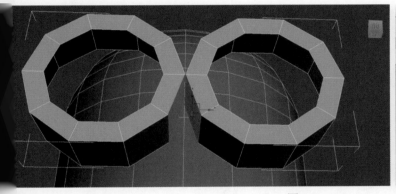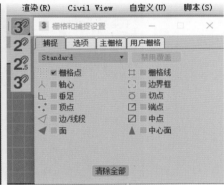

图 3-1-18

**13** 手的制作。手分为手板和手指两部分。创建一个立方体，然后使用"网格平滑"命令使其圆滑，用"连接"命令添加循环线，调整点的位置使其符合手板的形态；手指的创建方法和手板的创建方法相，注意手指的 3 个关节点的位置变化（见图 3-1-19）。

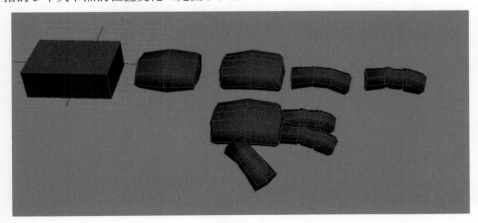

图 3-1-19

**14** 手板与手指的连接。先将要缝合的面删除，将 3 个手指和手板进行连接，然后进行点与点的焊接（见图 3-1-20、图 3-1-21）。

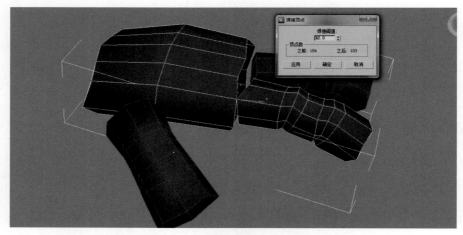

图 3-1-20

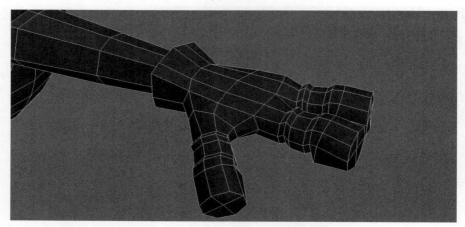

图 3-1-21

**15** 小黄人背带裤的制作。创建一个立方体，然后使用"网格平滑"命令使其圆滑，删除一半的面进行大小和位置的调整，然后选择背带裤的背心部分进行复制（见图 3-1-22）。

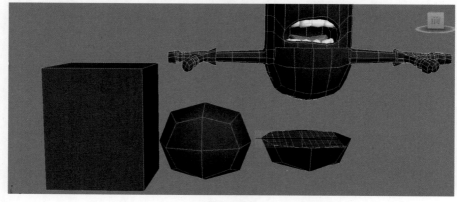

图 3-1-22

**16** 选择背带裤所有的多边形元素，进行法线形式的挤压，使背带裤产生厚度（见图 3-1-23）。

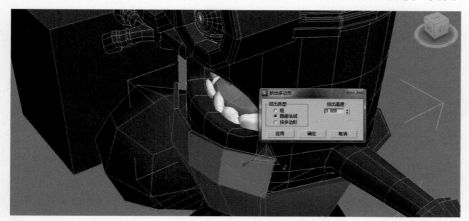

图 3-1-23

**17** 腿部的制作。选择腿部的 4 个面，使用"插入多边形"命令调整点的位置，再使用"挤压"命令挤出腿的形状并调整点的位置（见图 3-1-24、图 3-1-25）。

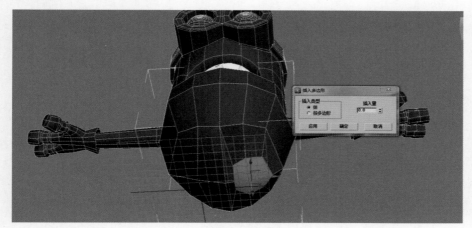

图 3-1-24

图 3-1-25

**18** 鞋子的制作。创建一个立方体，对选中的边执行多次"连接"命令添加循环线，调整点的位置。使用"挤出多边形"命令创建鞋底的厚度（见图3-1-26）。

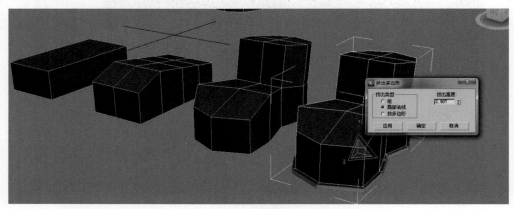

图 3-1-26

**19** 调整小黄人整体造型，最后进行组件之间的搭配，形成最终模型（见图3-1-27）。

图 3-1-27

 **Chapter3　小黄人材质制作及灯光设置**

本案例中的材质制作与灯光设置比较简单，整体流程与第一个项目拷贝桌动画一致，采用"天光+光跟踪器"的方式进行，这里不再赘述。下面主要介绍眼球的材质制作。

4-4 多维子对象材质调试

 **知识储备——"多维/子对象"材质**

使用"多维/子对象"材质可以采用几何体的子对象级别分配不同的材质。创建多维材质，将其指定对象并使用网格选择修改器选中面，然后选择多维材质中的子材质指定给选中的面（见图3-1-28）。

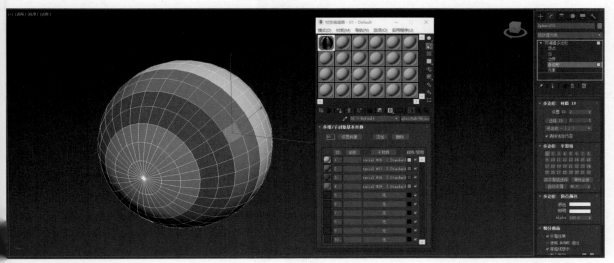

图 3-1-28

当使用"多维/子对象"材质进行贴图时，如果该对象是可编辑网格或可编辑多边形，则可以将材质拖放到面的不同的选中部分，并随时构建一个"多维/子对象"材质。也可以通过将其拖动到已被编辑网格修改器选中的面中来创建新的"多维/子对象"材质。

子材质 ID 不取决于列表的顺序，可以输入新的 ID 值。

 项目总结

项目内容：本项目是动画角色模型制作的第一个项目，角色模型在动画模型制作中的难度比较高，因为它不仅有形体上的要求，同时要求模型的塑造能体现角色的性格、情绪等。在制作时，一定要对角色塑造背景的剧本进行仔细阅读和理解，特别要准确把握角色的性格，这样才能塑造出具有灵魂的角色模型。

项目练习：根据提供的图片和网络资料制作相对复杂的动画角色（见图 3-1-29）。

图 3-1-29

项目拓展：通过学习本项目，希望学生可以对卡通类的动画角色模型制作流程有一定的了解，学会复杂多边形建模的方法和技巧。

## 项目 5  特工老头

项目目标：深入了解动画角色的建模方法，熟悉动画角色类模型的制作方法。

项目介绍：本项目是一部动画短片中的特工老头角色建模，与小黄人相比，这个角色的结构比较复杂，我们需要了解更多的关于人体结构的知识，也要学会多种插件的使用方法。

项目分析：本项目继续上一个项目的要求，先了解动画角色身体的一般结构，深入了解多边形建模在动画角色中的实际运用，注意按照设计图的比例进行制作，特别注意对脸部特征的刻画。

教学建议：建议学生着重了解动画角色脸部特征的塑造，特别注意在进行角色刻画时，性格对人物造型的影响。建议教学时长为 14～16 课时。

学习建议：这是多边形建模的深入学习项目，特别要掌握动画角色脸部特征塑造的方法和技巧。

## Chapter1　形体分析

这个角色属于漫画风格的造型。所谓漫画风格的三维动画造型指的是用流畅的线条和简洁的形体高度

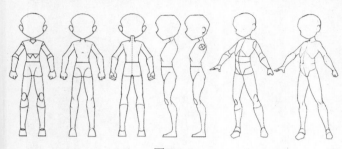

图 3-2-1

概括角色，具有简洁化与概念化的特征。此外，简洁的造型往往会弱化角色主体部分，转而强化肢体，这样的行动轨迹会显得更加明显，增强角色的特征（见图 3-2-1）。

与小黄人相比，特工老头的比例、形态、细节表现等都更接近于真人，制作起来会更有难度。

在制作接近真人结构的动画角色模型时，要具备一定的人体解剖知识。这个角色要严格按照设计图进行制作。首先从头部模型开始进行制作，然后制作颈部及身体其他部分等。

 ## Chapter2　头部模型的制作

**01** 先将已经完成的角色三视图放入 3ds Max 的视图中，用作建模时的参考。在视图中，创建一个平面，平面大小与原始参考图纸比例一致，可以在前期工作中通过查看图片数据得到原始参考图纸的尺寸，然后将特工老头的平面贴图赋予这个平面，与前面道具相比，角色模型更加复杂，需要两个平面参考图作为模型制作参考，一般都是一张正视图和一张侧视图（见图 3-2-2）。

5-1 项目介绍与模型头部建模初步　5-2 眼眶部分建模　5-3 鼻子部分建模

5-4 嘴巴部分建模　5-5 眼睛细节刻画　5-6 鼻子细节刻画　5-7 下巴与耳朵建模

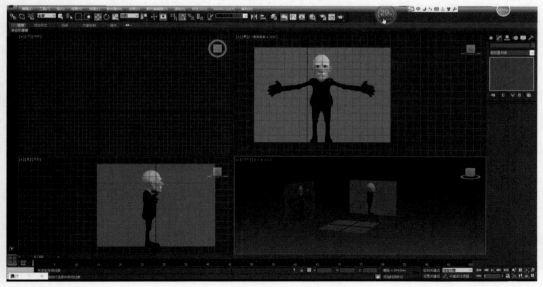

图 3-2-2

**02** 头部模型的制作。在视图中创建一个长方体，尺寸和头部接近，设置分段数，然后转化为可编辑多边形，通过对点的调整，将多边形按照原图设计效果进行基础形体的调整（见图 3-2-3）。

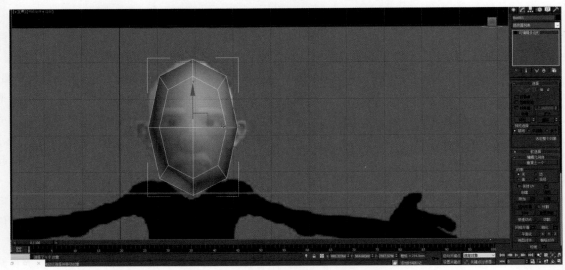

图 3-2-3

**03** 按 Alt+X 组合键将头部材质设置为半透明效果。

**04** 在多边形次对象编辑状态下，选择头部的一侧，按 Delete 键将其删除，选择头部的另一侧并通过"镜像"命令复制出另一半，这样，就可以通过制作一边模型而快速复制另一边模型，从而简化操作，以后类似形体都可以使用这种方法制作。

在点的次对象编辑状态下进行形体调整。调整顺序分别是正面、侧面、顶面、透视。通过对点位置的移动，可以将几何体逐步调整为头部的基本形状，这里通过不断地细分曲面圆滑来观察几何体形状是否调整到合适状态（见图 3-2-4、图 3-2-5）。

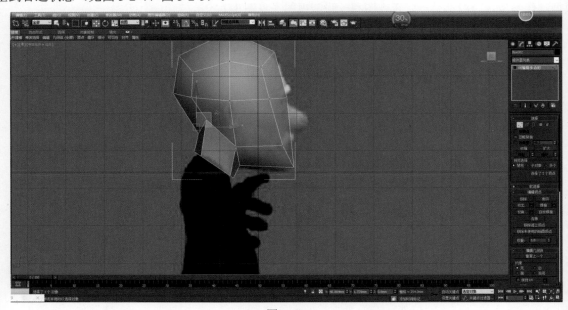

图 3-2-4

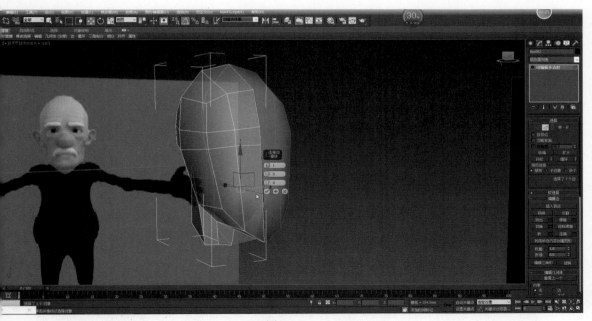

图 3-2-5

**注意**：在视图中，右击选中的位置，在弹出的快捷菜单中可以找到许多编辑多边形的命令。

**05** 按照设计图，确定好眼部位置，通过线段次对象编辑状态下的"连接"按钮和"分割"按钮进行
线，或者通过多边形次对象编辑状态下的"挤出"按钮、"倒角"按钮、"插入"按钮进行点、线、几
体的编辑操作，调整眼部及周围形状。眼部结构按照同心圆布线（见图 3-2-6～图 3-2-10）。

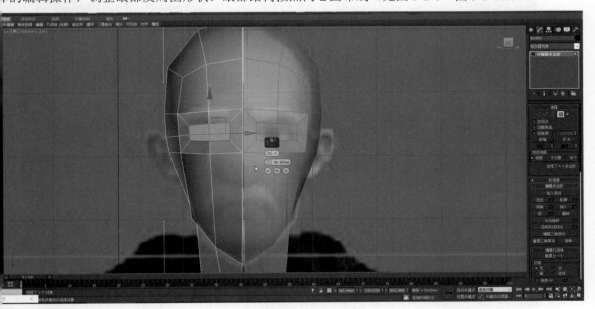

图 3-2-6

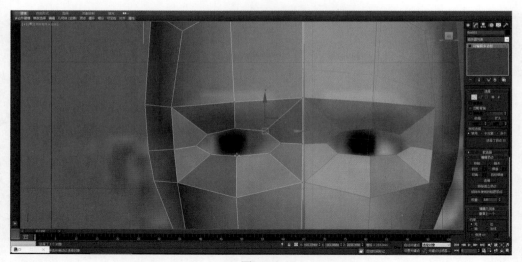

图 3-2-7

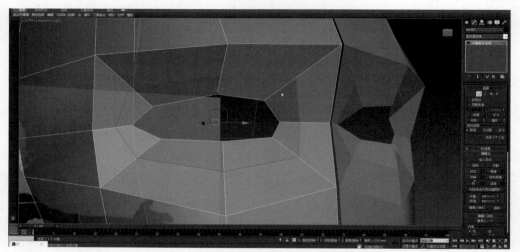

图 3-2-8

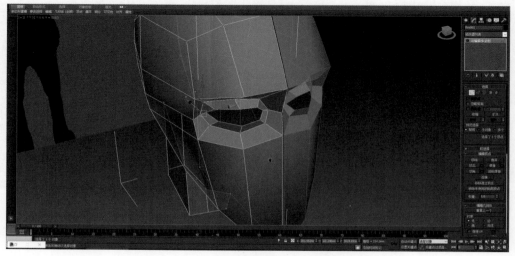

图 3-2-9

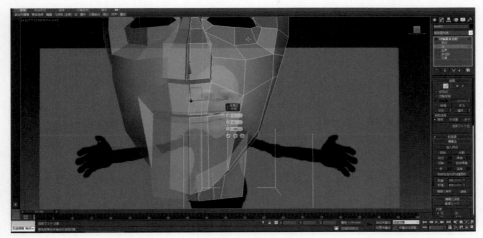

图 3-2-10

**06** 在鼻子的位置，挤出形体，调整点，创建鼻子的形体。根据设计图，对鼻子的形体进行调整（见图 3-2-11～图 3-2-13）。

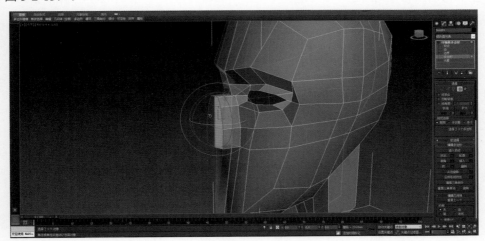

图 3-2-11

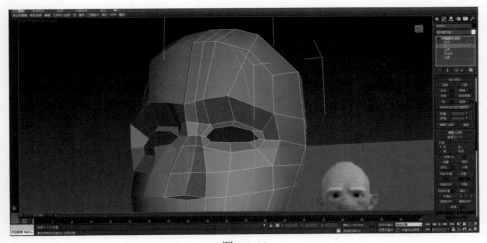

图 3-2-12

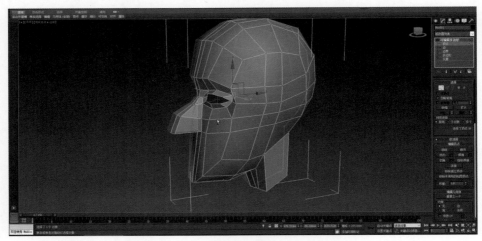

图 3-2-13

**07** 在嘴巴的位置，通过几何体插入和线的连接，创建嘴巴的基本造型，再通过调整点，塑造出嘴巴的形状。这里要特别注意布线问题，尽量避免出现三角面与五边面（见图 3-2-14～图 3-2-16）。

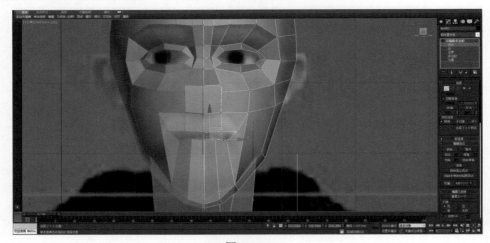

图 3-2-14

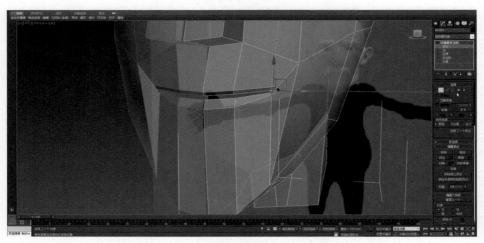

图 3-2-15

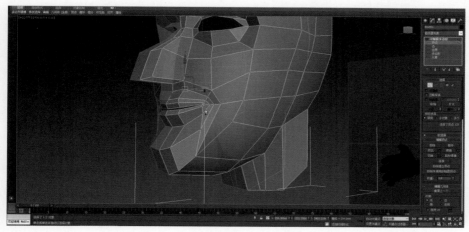

图 3-2-16

**08** 在完成眼部、嘴巴、鼻子的初步造型后，还需要对其进行细节的雕刻，通过不断地加线，调整点的位置，进行细节布线。例如，眼帘的形体创建，就要符合老人的特征，要有比较大的下眼袋（见图 3-2-17～图 3-2-19）。

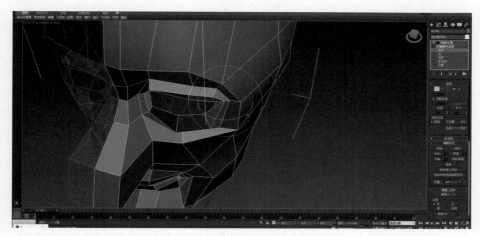

图 3-2-17

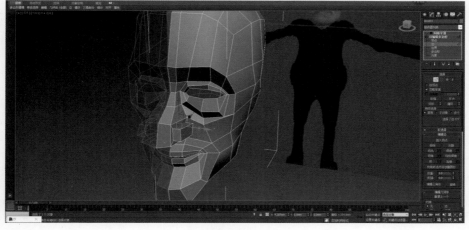

图 3-2-18

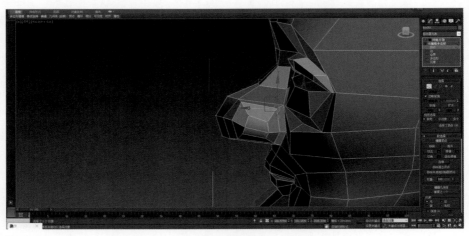

图 3-2-19

**09** 耳朵模型的创建。先从侧面对耳朵进行大概形态的创建，再不断细化（见图 3-2-20～图 3-2-22）

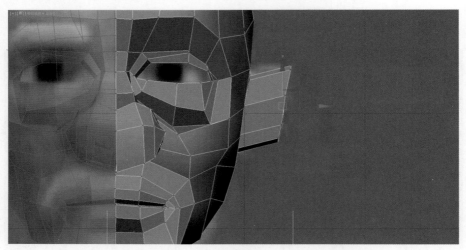

图 3-2-20

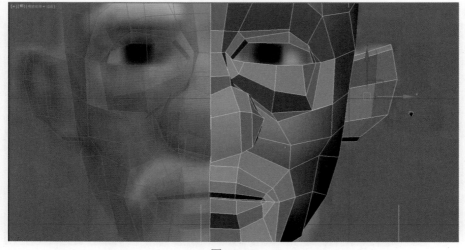

图 3-2-21

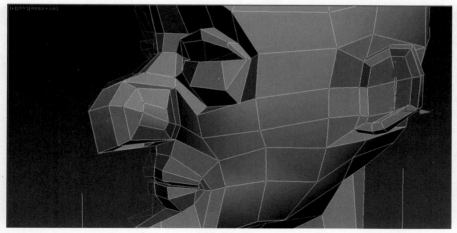

图 3-2-22

**10** 制作完头部大致形体后，在"细分曲面"下勾选"使用 NURBS 细分"复选框，使头部模型平滑化，观察头部模型的形体，再根据观察结果调整多边形结构，不断重复这个操作过程调整头部模型。

## Chapter3　身体模型的制作

**01** 完成头部模型的制作后，接下来进行身体模型的制作。创建一个长方体，调整完网格线数量后将其转化为可编辑多边形。在侧视图中，沿着设计图绘制人体形体，不断挤出形体，并调整"点"和"线"的位置，创建身体模型，将侧视图转为正视图，再继续调整，直到调整好身体的形状（见图 3-2-23、图 3-2-24）。

5-8 身体与
手臂建模

5-9 手臂
细节刻画

5-10 手掌及
手指建模

5-11 大拇
指缝合

5-12 其他
手指缝合

5-13 下半身
与鞋建模

5-14 脖
子缝合

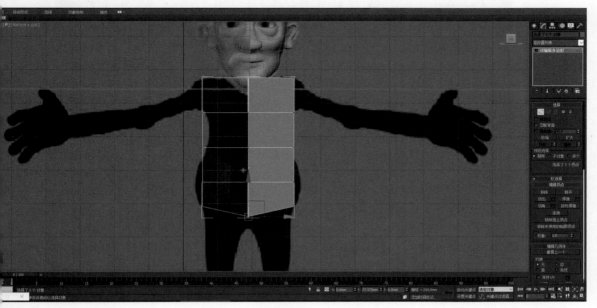

图 3-2-23

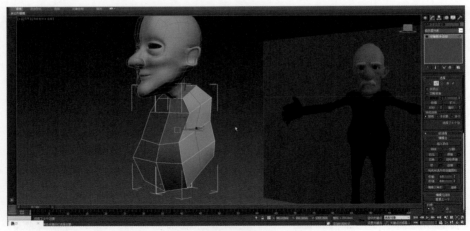

图 3-2-24

**02** 完成身体模型创建后，接下来进行手臂的创建。首先，在侧视图中对身体相关部位进行形状的调逐渐把手臂的挤出面调整出来，并按照设计图调整手臂线条，特别要将几个关节部位，如肩膀、手肘部形体创建好（见图 3-2-25、图 3-2-26）。

图 3-2-25

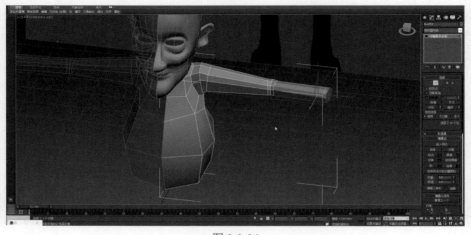

图 3-2-26

**03** 完成手臂创建后，接下来创建手部。先创建一个长方体，再转化为多边形，利用"网格平滑"命令，使其形成一个类似手掌的形状。调整完之后，慢慢成形为手掌模样（见图 3-2-27～图 3-2-29）。

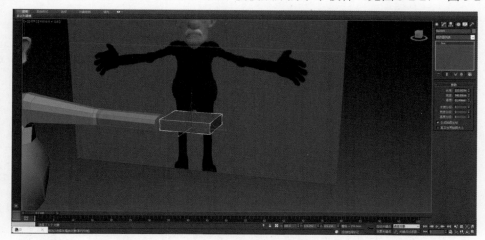

图 3-2-27

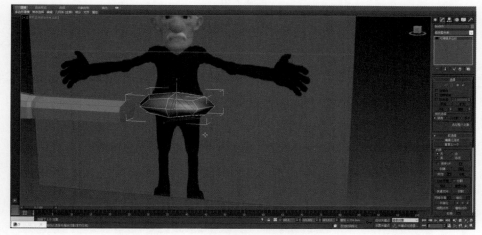

图 3-2-28

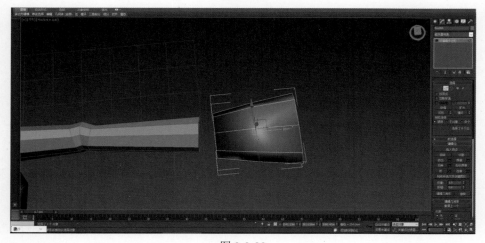

图 3-2-29

**04** 完成手掌的创建后，接下来创建手指。先创建一个圆柱体，将圆柱体转化为多边形后，通过不断布线创建手指的形体。创建完 5 根手指后，将手指与手掌进行附加和点与点焊接操作，最终形成一个完整的手模型（见图 3-2-30～图 3-2-35）。

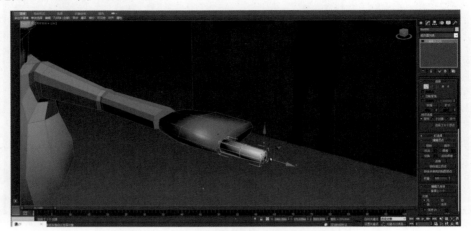

图 3-2-30

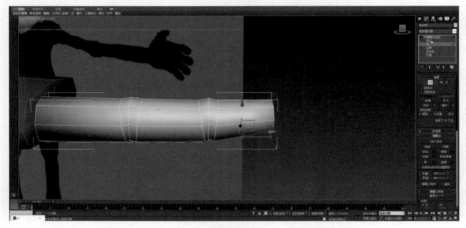

图 3-2-31

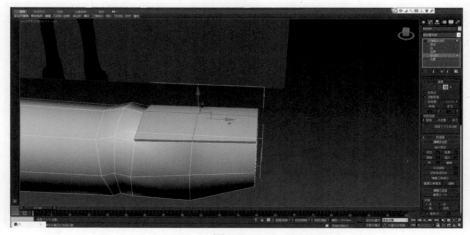

图 3-2-32

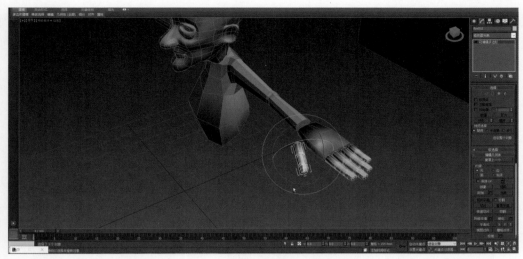

图 3-2-33

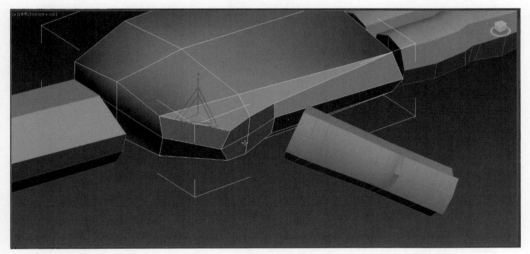

图 3-2-34

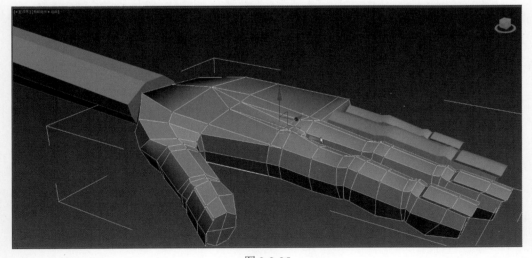

图 3-2-35

**05** 完成身体上半身的制作后，接下来制作身体的下半身。整个下半身的制作方法和上半身的制作方法是一样的，都可以通过多边形的挤出和点的调整操作来完成，这里也要特别注意对关节的形体创建（见图 3-2-36～图 3-2-39）。

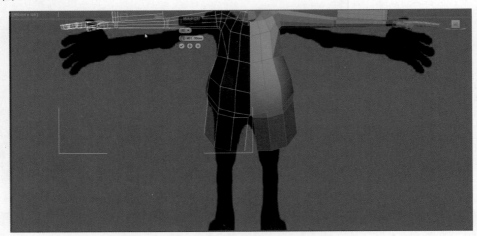

图 3-2-36

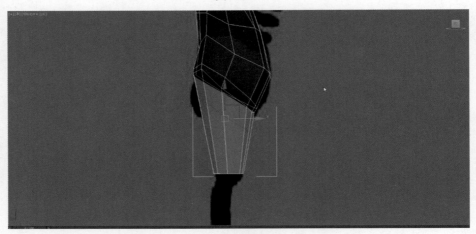

图 3-2-37

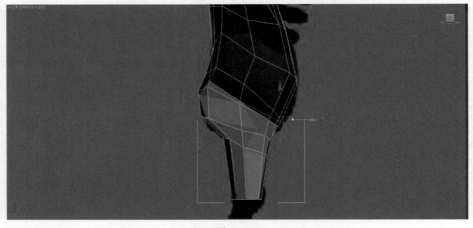

图 3-2-38

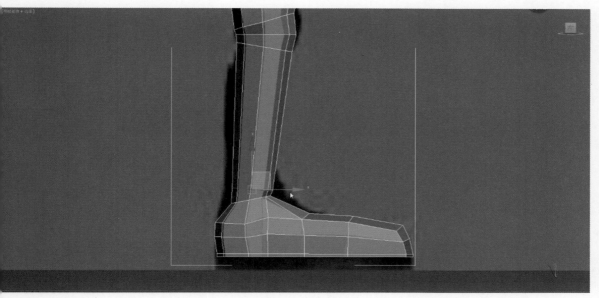

图 3-2-39

**06** 完成身体部分制作后，需要将身体和头部进行连接。首先在脖子处，创建一个与头部、颈部横截面量一致的多边形，并进行挤出操作，然后将两者进行附加操作，最后利用点与点的焊接把两者组成一个形这里要特别注意头部与颈部模型交界处点、面的数量要一致。进行网格平滑处理后的效果如图 3-2-40～3-2-42 所示。

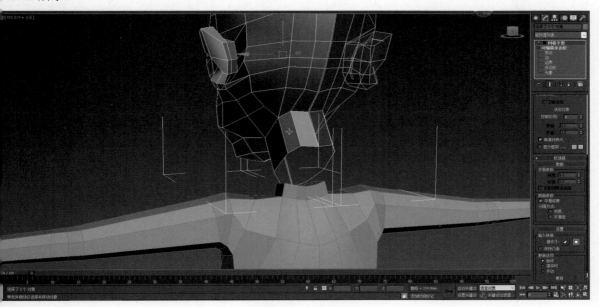

图 3-2-40

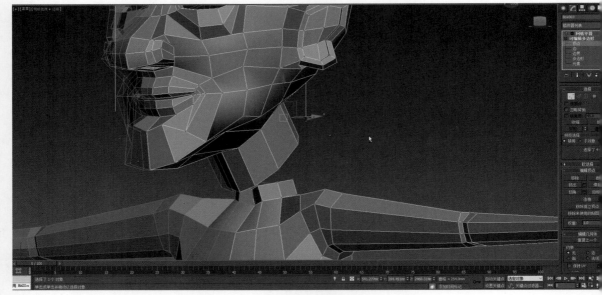

图 3-2-41

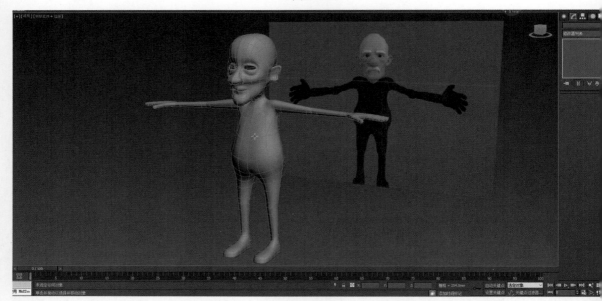

图 3-2-42

## Chapter4　角色模型 UVW 展开

当使用 Substance Printer 制作角色材质时，先进行 UVW 面的展开，这个角色模型比我们之前制作的模型都要复杂，其复杂的地方是曲面结构比较多。如果利用 3ds Max 自带的"UVW展开"命令，则会降低制作效率，所以在这里利用一个 UVW 展开插件 Unfold3D 执行"UVW 展开"命令。

Unfold3D 是一款高性能三维设计软件，能在几秒内自动分配 UVW 的智能化软件。它不依赖传统几种几何体包裹方式，通过计算自动分配理想的 UVW。随着性能和功能的提升，现在 Unfold3D 已经被命名为 Rizom UVW，但是我们还是习惯性地称它为 Unfold3D。

5-15 角色
UV 展开

**01** 首先将模型导出为 OBJ 格式的文件，然后打开 Unfold3D 工作界面，把 OBJ 格式的文件导入，这时可以看到模型已经被导入 Unfold3D 中（见图 3-2-43、图 3-2-44）。

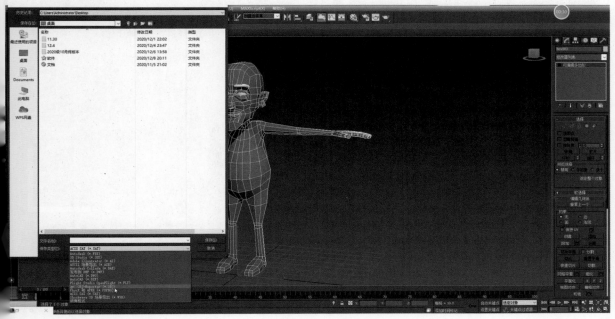

图 3-2-43

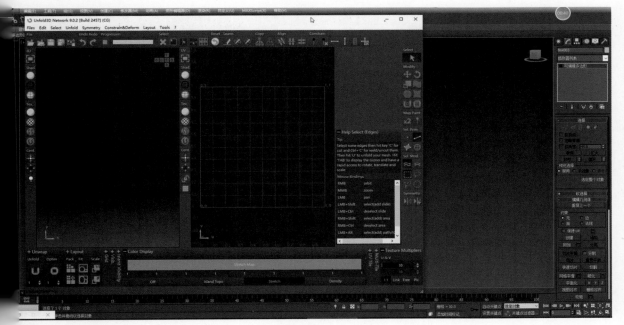

图 3-2-44

Unfold3D 一共有左右两个视窗区，左侧是模型区，进行 UVW 分割线的确认，右侧是 UVW 展开区，以看到最后 UVW 展开效果（见图 3-2-45）。

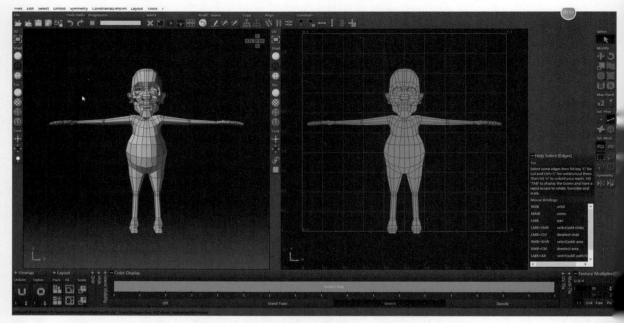

图 3-2-45

**02** Unfold3D 中的基本操作就是确定模型 UVW 分割线，然后观察 UVW 展开效果（见图 3-2-46~图 3-2-49）。

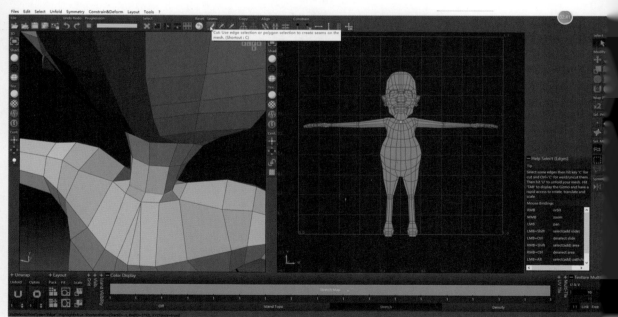

图 3-2-46

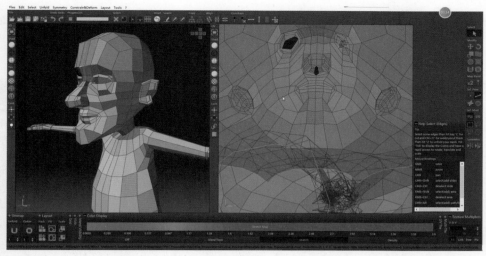

图 3-2-47

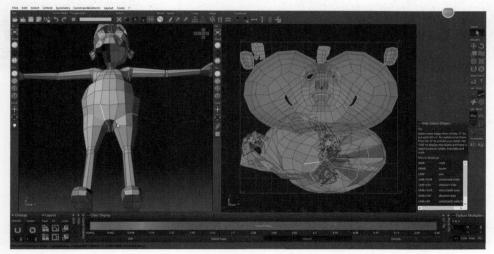

图 3-2-48

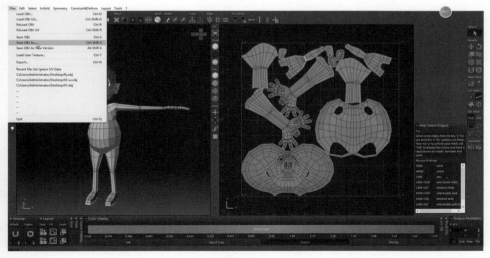

图 3-2-49

**03** 使用 Unfold3D 完成整体模型的 UVW 展开后，将文件保存为 OBJ 格式。然后打开 3ds Max 工作界面，导入 OBJ 格式的文件，选择"UVW"命令打开"编辑 UVW"对话框，可以在"编辑 UVW"对话框中看到完成好的 UVW 图。再次导出这个文件，并保存为 FBX 格式的文件（见图 3-2-50）。

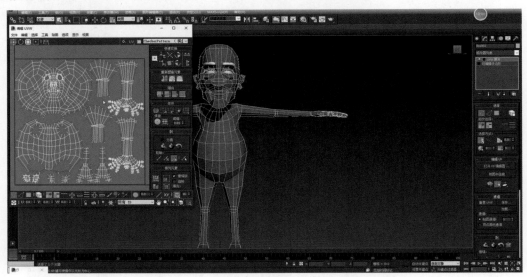

图 3-2-50

 **知识储备——Substance Painter 快捷键**

LMB 表示鼠标左键；MMB 表示鼠标中键；RMB 表示鼠标右键。

Alt+LMB：旋转视图（配合 Shift 键可以捕捉到正交角度）。

Alt+MMB：平移视图。

Alt+RMB：缩放视图。

Alt+LMB：单击物体某处后，以刚才单击的位置为轴心旋转视图。

Ctrl+LMB：设置笔刷流量。

Ctrl+RMB：设置笔刷大小。

Shift+RMB：旋转环境图。

S+LMB：旋转模型、文字、图案。

S+LMB：平移模型、文字、图案。

S+RMB：缩放模型、文字、图案。

F1：3D/2D 视图。

F2：3D 视图。

F3：2D 视图。

C：显示下一个通道。

M：显示材质。

P：拾取笔刷材质。

Y：启用快速遮罩。

I：快速遮罩反相。

1：选择绘图工具+粒子。

2：选择橡皮擦工具+粒子。

3：选择投射工具+粒子（可将带透明通道的图像投射到模型上）。

4：选择多边形填充。

图 3-2-51 所示为键盘快捷键示意图，大家可以在学习过程中参考使用。

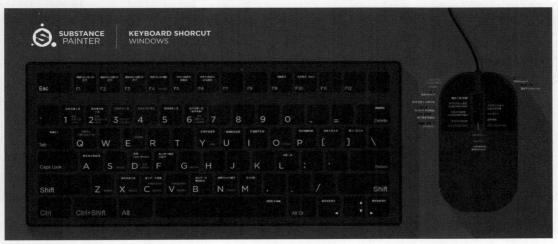

图 3-2-51

## Chapter5　角色材质的制作

**01** 打开 Substance Painter，将完成 UVW
开的模型导入，可以看到这里有两个纹理
，一个是身体部分，另一个是眉毛和眼睛部

5-16 SUB 身体材质制　5-17 脸部材质细节的制作　5-18 衣服材质的绘制　5-19 细节调整及渲染输出

先选择身体的纹理集，给整个身体的皮肤添加基础颜色（见图 3-2-52、图 3-2-53）。

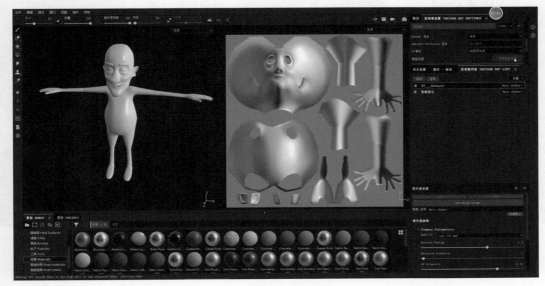

图 3-2-52

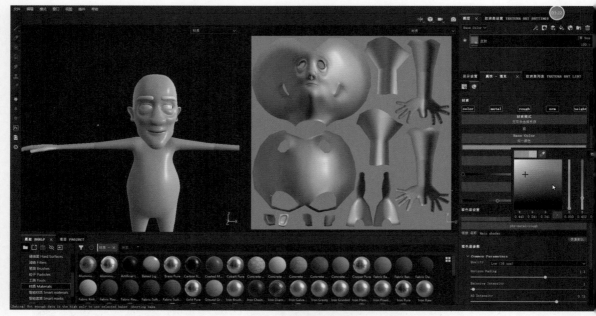

图 3-2-53

**02** 调整皮肤基础颜色和粗糙度，让皮肤更接近真实状态。给皮肤添加一个黑色遮罩，在视图中通过"多边形拾取"按钮，将头部选中，这样就只为头部添加皮肤色，身体的其他部位呈现默认亮白的材质效果（见图 3-2-54）。

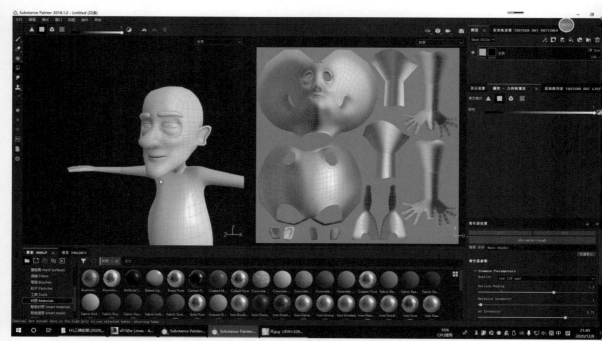

图 3-2-54

**03** 在皮肤图层上，创建一个身体图层，接下来还是使用黑色遮罩，将身体部分拾取出来，添加黑色材质，同样也要调整皮肤与衣服的基础颜色及粗糙度（见图 3-2-55～图 3-2-57）。

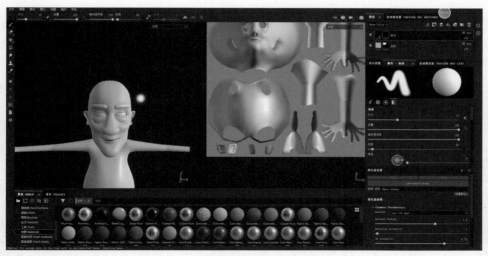

图 3-2-55

图 3-2-56

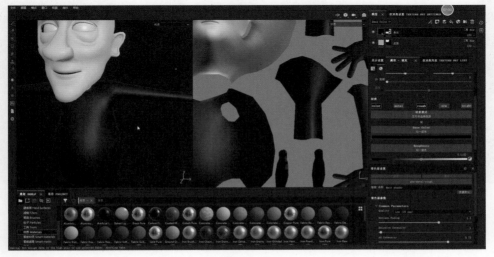

图 3-2-57

**04** 调整完皮肤与衣服的基础颜色后，需要给材质增加细节。创建一个图层，添加一个红色基础
添加绘画和模糊滤镜，在脸上进行肤色层次绘制。我们可以按照设计图设计，也可以根据生活经验进行
色肤色的绘制（见图 3-2-58～图 3-2-60）。

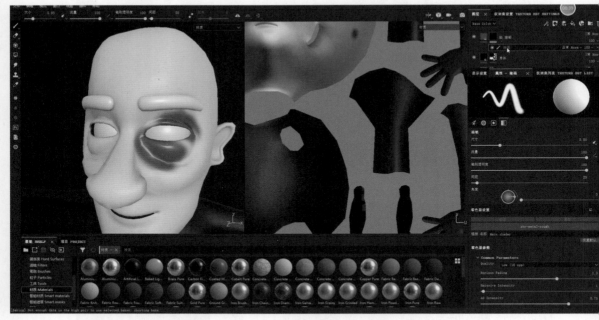

图 3-2-58

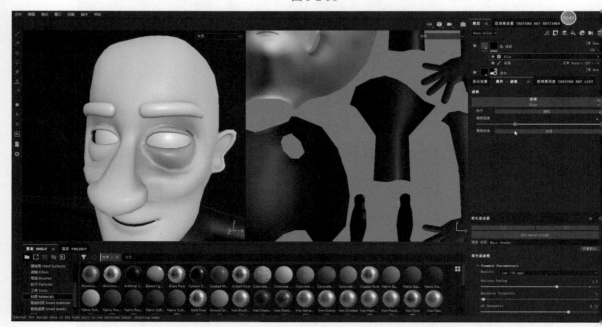

图 3-2-59

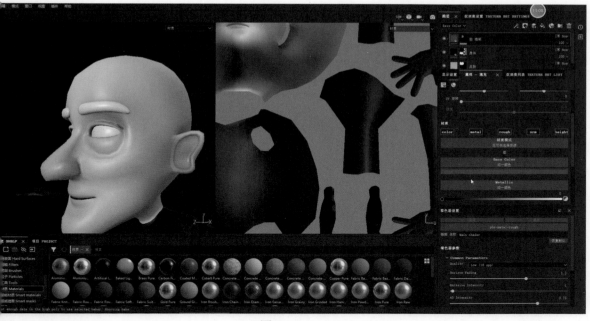

图 3-2-60

**05** 在绘制脸上肤色时，先单击"镜像"按钮，这样只要处理半边脸部细节即可。为了增加脸部细节，从利用笔刷在脸上刷出毛孔、雀斑及皱纹（见图 3-2-61～图 3-2-64）。

图 3-2-61

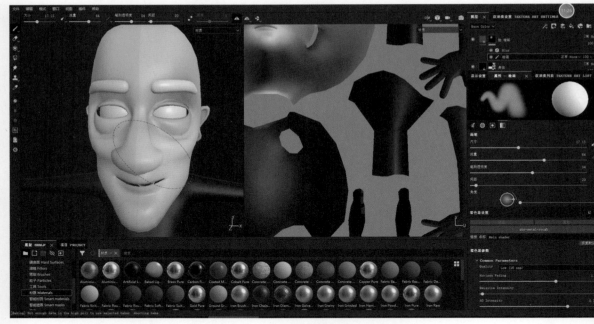

图 3-2-62

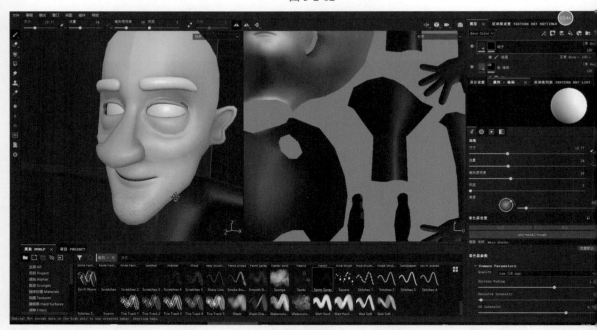

图 3-2-63

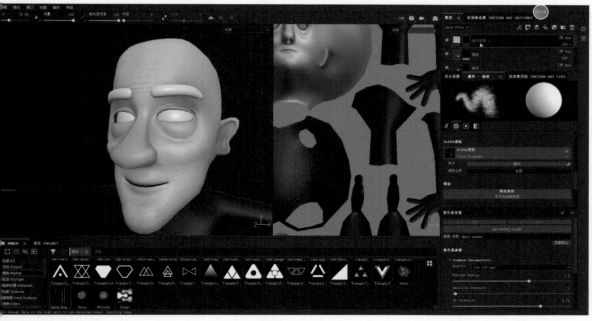

图 3-2-64

**06** 完成脸部肤色的细节绘制后，接下来绘制衣服的细节。可以利用"透贴"工具绘制衣服上的口袋、重（见图 3-2-65、图 3-2-66）。

图 3-2-65

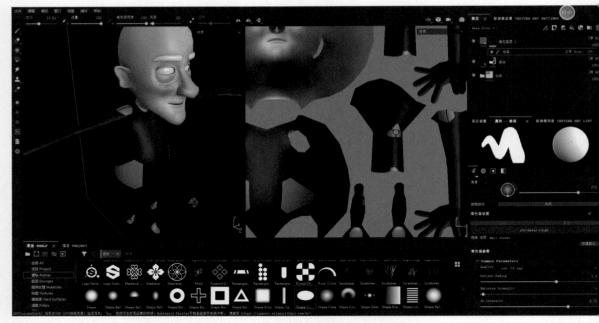

图 3-2-66

**07** 完成身体部分材质绘制后，选择眼球部分纹理集，新建图层，添加绘画，绘制眼球和眼白部分（见图 3-2-67）。

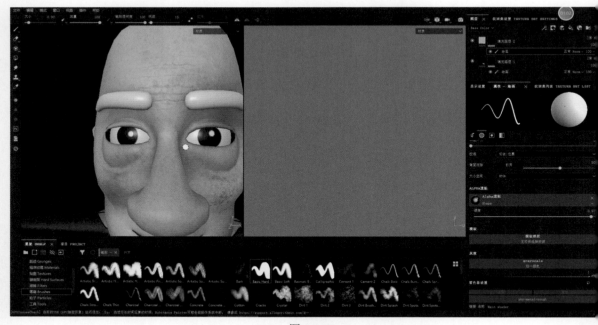

图 3-2-67

**08** 最后进行渲染（见图 3-2-68）。

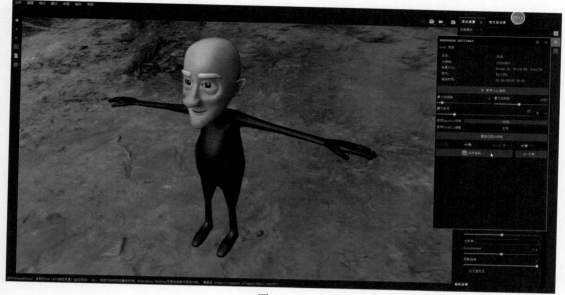

图 3-2-68

 ## 项目总结

项目内容：本项目是动画角色模型制作的第二个项目，与可爱小黄人模型相比，特工老头这个角色模型更加接近真人造型，特别是面部的结构与真人一样，因此提高了制作难度。在制作时，我们需要对人类体结构解剖有一定的了解，这样在把握面部造型和四肢的位置上才能游刃有余。

在本项目中，我们还复习了利用 Substance Printer 制作 PBR 材质的方法。

项目练习：根据下面提供的资料制作模型（见图 3-2-69）。

图 3-2-69

项目拓展：通过学习本项目，希望学生可以掌握动画角色模型的制作方法，利用三维绘图软件制作动造型。

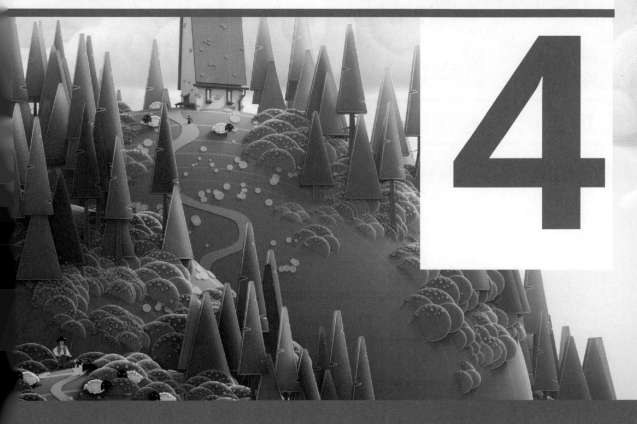

# 第 4 篇

# 动画场景制作——空间与光线的组合

**4**

三维场景是很多三维动画技术应用领域都
会涉及的部分，与道具和角色不同，场景的建模
可能并不是最复杂的，但是对于材质与光线的要
求，让学习三维场景又有了很大的挑战。

**三维空间结构解析**
**场景道具的制作**
**空间的光线与材质表现**
**场景镜头的设计**

# 项目6　暖暖杂货店

**项目目标：**掌握多种建模方式在场景模型中的综合运用，熟悉影视场景的制作。

**项目介绍：**该项目是杂货店广告的一个卡通场景设计，设计具有很强的亲和力。对场景空间、光线的把握都很好，卡通味很浓郁，很符合杂货店广告情境的要求。

**项目分析：**本项目将介绍影视场景的制作，场景有别于角色的制作，因为场景的空间布局和合理性要求很高，所以先要了解场景空间比例的相关知识，还要讲究制作的过程，先做什么后做什么，在场景中光线的运用、材质的要求、道具的要求和角色是不一样的，特别要观察光线在场景中的变化。

**教学建议：**建议学生着重了解现实生活中类似空间的布局，特别注意具有浓郁生活味的细节，以及光影在这样的空间中的表现。建议教学时长为8～12课时。

**学习建议：**这是学习影视动画场景的第一个项目，注意空间比例的把握。

#  Chapter1　场景空间分析

　　虚拟场景是以一定现实基础为依据的自由构建，任何一部影视动画，场景线条的造型风格要与角色的造型风格统一，这样才能使角色和场景统一，使它们能融为一体。色彩和光线会让主场景中的物体具有自然材质和一定的体积感、质量感，不仅使主场景遵循基本自然规律，同时也让主场景拥有情感氛围。不同风格的线条、丰富的色彩和明暗变化的光线为导演、美术设计师和场景师构建动画主场景提供了丰富的造型手段，只有将这三种造型元素按照该艺术原则进行表达，才有可能创作出独具风格的动画主场景。

　　本次制作的项目是一个卡通室内场景（见图 4-1-1），通过对设计图的分析，我们大致可以将这个场景分为 4 部分，屋子、柜子、柜内小物品、生活道具。先确定好构图，构图的好坏直接决定作品的成败。模型的制作时间比较多，杂货店内的家具模型制作并不复杂，是由一些简单的小模型堆砌而成。一些比较次要的东西往往不需要过多的模型去表现，利用简单的贴图就能够展示比较好的效果。

图 4-1-1

　　这种制作前的思路整理，可以帮助人们在制作模型过程中，按从大到小的顺序确保模型制作并然有序。

---

**任务提示：** 在制作三维动画场景过程中，除了需要有比较好的综合建模技能，更为重要的是必须要有一定的比例和尺寸概念，需要有理性的结构分析能力。

---

#  Chapter2　卡通室内场景模型的制作

　　**01** 制作屋子。先建立一个大小适合的立方体，然后将其转化可编辑的多边体，利用"法线"编辑命令将该多边体的面反转，这就能清晰地看到屋子的内部。然后制作屋子的窗户部分，利用多

6-1 室内空间模型创建作

6-2 主柜体的创建方法

6-3 柜台的创建

体中的次对象编辑将墙壁上的某块面挤出后删除。屋子的房梁是利用"挤出"样条线制作的（见图 4-1-2）。

　　这样的制作方法是卡通室内场景制作的一般办法，因为是室内场景，所以不需要制作出真实的墙体厚，同时，这个空间比真实空间要长，原因是在进行光影设置时减少因墙体较短而设置摄影机和光线的麻烦。

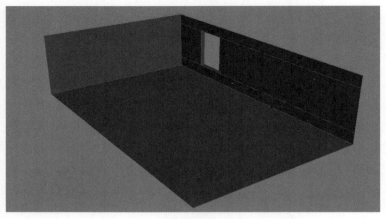

图 4-1-2

**02** 制作柜子。可以使用两种方法制作柜子：第一种方法利用创建好的长方体，像搭积木一样组合柜子即可，为了更好地表现柜子的细节，可以先制作长方体的倒角（见图 4-1-3）。第二种方法，利用"图形"中的"样条线"先创建柜子的二维图形，然后使用"挤出"按钮获得柜子。

图 4-1-3

结合多边形建模的方法，使用"挤出"按钮和"倒角"按钮制作柜子正面的花色板（见图 4-1-4）。

图 4-1-4

**03** 制作花瓶。在制作花瓶时，先制作花瓶的半边轮廓，然后将轮廓的轴心移到边缘处，再使用"车削"命令，对花瓶进行 360°旋转（见图 4-1-5）。

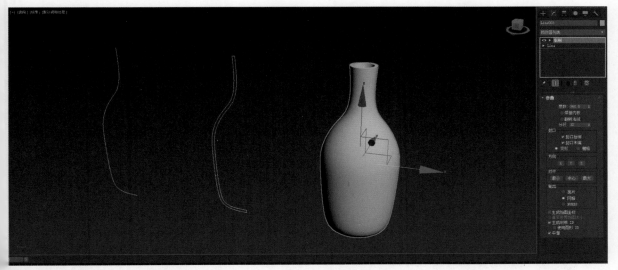

图 4-1-5

 ### 知识储备——"放样"的定义

本项目有很多瓶状物体，那么除了利用轮廓的"车削"命令制作简单瓶体，如何制作更为复杂的瓶体，这里就可以使用"放样"按钮进行制作。

放样是创建 3D 对象的重要方法之一，使用该方法用户可以创建作为路径的图形对象及任意数量的横截面图形，该路径可以成为一个框架，用于保留形成放样对象的横截面（见图 4-1-6）。

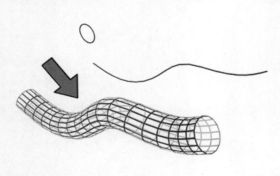

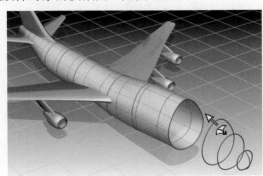

图 4-1-6

在进行放样之前，用户先创建作为路径的图形对象及放样对象的横截面。

术语"放样"来源于早期的造船业，阁楼的大框架构建用于放置已组装好的船只外壳。将船体肋材（横面）放置到阁楼的过程称为放样。在现代船只设计中，构建三维模型所采用的传统方法是在很多关键点绘制横截面，这些横截面将经过裁剪，形成二维模板，然后放入轨道。使用模型生成器填充模板之间的间可以生成模型的曲面。

用户可以使用类似的过程创建放样对象。先创建两个或多个样条线对象。其中一个样条线是轨道，被为路径。其余的样条线是对象的横截面，被称为图形。当沿着路径排列图形时，3ds Max 会在图形之间成曲面。

放样案例的具体操作步骤如下。

**01** 单击"创建"→"图形"→"样条线"→"星形"按钮，在顶视图创建一个星形。单击"创建"→"图形"→"样条线"→"线"按钮，在前视图中按住"Shift"键的同时使用鼠标绘制一条样条线作为放样路径（见图 4-1-7）。

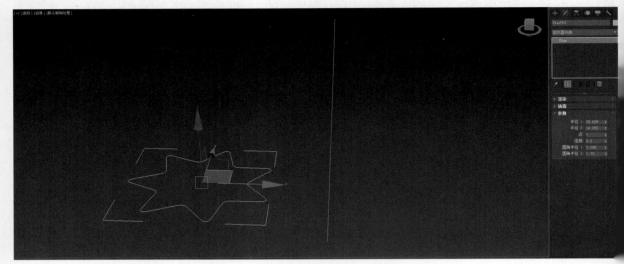

图 4-1-7

**02** 在 3ds Max 视图中选中创建的"星形"，单击"创建"→"几何体"→"复合对象"→"放样"按钮，在"创建方法"卷展栏中单击"获取路径"按钮，然后在视图中拾取绘制的样条线（图 4-1-8）。

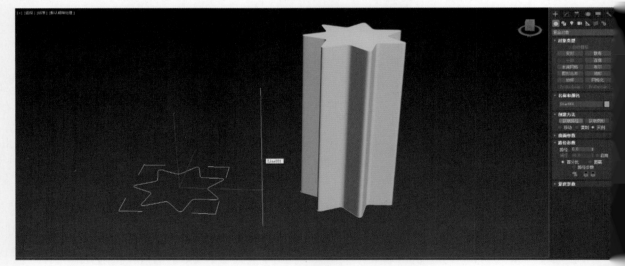

图 4-1-8

**03** 在"变形"卷展栏中单击"扭曲"按钮，打开"扭曲变形"对话框，将曲线调整为想要的形状（图 4-1-9）。

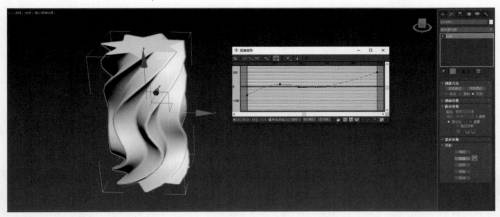

图 4-1-9

**04** 在"变形"卷展栏中单击"缩放"按钮，打开"缩放变形"对话框，将曲线调整为想要的形状（见图 4-1-10）。

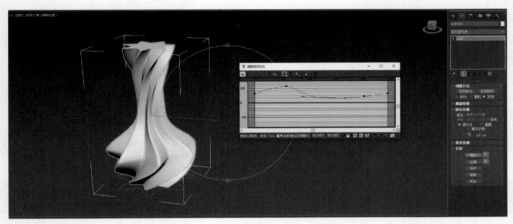

图 4-1-10

**05** 得到最终的几何形体（见图 4-1-11）。

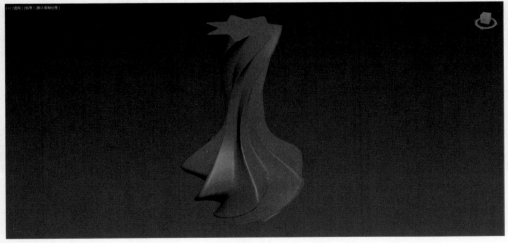

图 4-1-11

6-4 车削
与放样

6-5 花瓶与
花的制作

## Chapter3 花瓶的制作

**01** 花瓣与叶片的制作。首先选取一个"球体"，利用等比缩放工具将它压扁，然后使用"自由变形"命令，通过自由变形的节点对形体进行调整，注意自由变形节点数量的选择，选择的数量越多其调整效果越细腻，但也会提高调整的难度，所以要灵活应用（见图 4-1-12、图 4-1-13）。

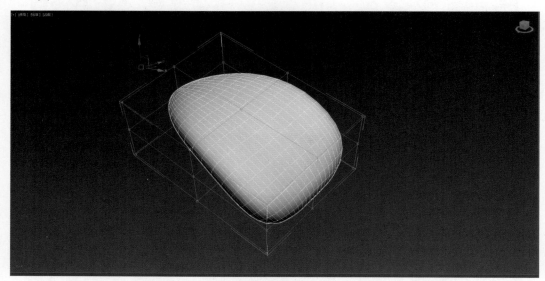

图 4-1-12

图 4-1-12

**02** 花瓶和花瓶支架的制作。首先创建一个闭合曲线轮廓，然后调整轴心，最后使用"车削"命令作花瓶。可以直接使用"样条线"按钮创建花瓶支架的形体，在视图中设置渲染参数，调整花瓶支架形参数（见图 4-1-14）。

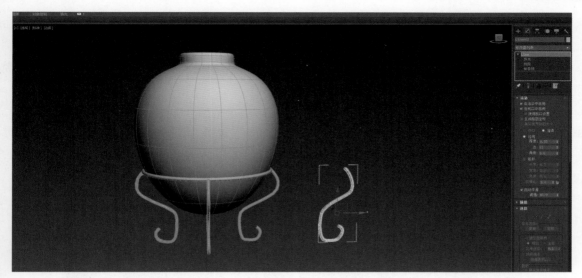

图 4-1-14

**03** 杂货店的模型制作难度并不高，制作场景模型的难点在于比例与尺寸的把握，大家在制作时可以先选定一个参考物，根据参考物进行各物件比例的设置（见图 4-1-15）。

图 4-1-15

**任务小结：** 这个项目的模型部分并不是重点，难度和强度都不大，关键是将之前的建模方法和技巧进行灵活的应用。

### 知识储备——VRay 初始设置

本项目可以使用 VRay 插件进行模型渲染，先来简单了解下 VRay。

VRay 是一款高质量渲染插件，是目前业界非常受欢迎的渲染引擎。基于 VRay 内核开发的渲染插件有 VRay for 3ds Max、Maya、Sketchup、Rhino，为不同领域的优秀 3D 建模软件提供了高质量的图片和动画渲染功能，方便用户渲染各种图片。下面先来了解下 VRay 的初始设置。

**01** 先在渲染设置中指定 VRay 渲染器，并将所有物体赋予"VRAYMTL"标准材质，可以先将颜色设置为灰色，再根据不同材质进行调试。

**02** 设置渲染器选项卡参数。选择"GI"选项卡，将"首次引擎"设置为"发光贴图"模式，"二次引擎"设置为"灯光缓存"模式。这些都是最常规的参数设置，随着不同项目的不同要求，需要对选项卡中的参数进行调整。在本项目中，我们都采用默认参数设置（见图 4-1-16）。

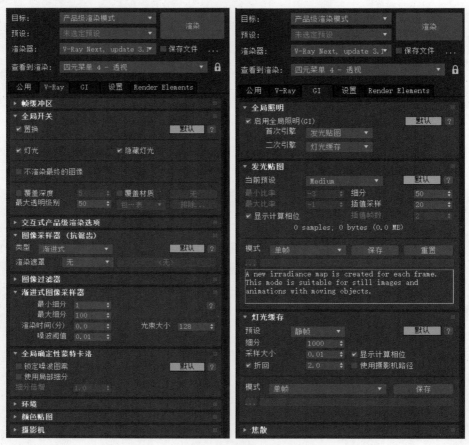

图 4-1-16

**03** 根据场景布置相应的灯光。在开始布光时，从天光开始，然后逐步增加灯光，大体顺序为天光阳光→人工装饰光→补光。如果环境明暗灯光不理想，则可以适当调整天光强度，直至合适为止。

## ◆ Chapter4 灯光与摄影机的设置

**01** 先创建 VRaySun 系统，该系统会自动带上一个 VRay 天光。从顶视图上看，基调灯偏移摄影机 15°～45°角。从侧视图上看，在摄影机上方升高基调灯，使场景主体采光距离摄影机 15°～45°角，使得光线能从窗户投射进内。这里需要注意的是，VRaySun 是一个模拟真实阳光的灯具，所以灯光的高低和角度不同，阳光的强度

6-6 VRay 设置与阳光

6-7 VR 阳光与物理摄影机

6-8 物理摄影机的属性调

调都会不同，如当灯光的角度小时，阳光的强度就会比较昏黄，犹如落日一般（见图 4-1-17～图 4-1-19）。

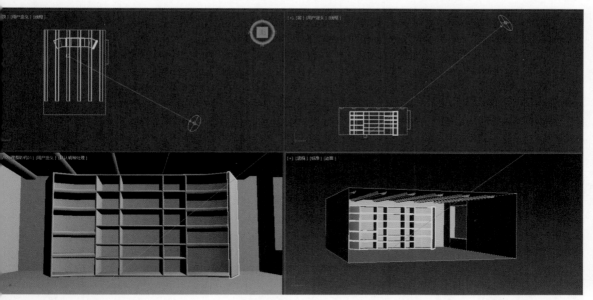

图 4-1-17

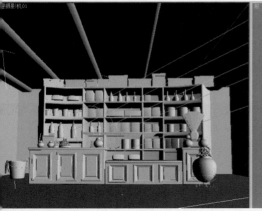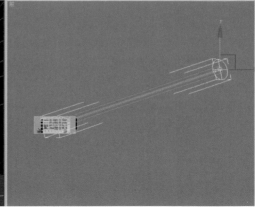

图 4-1-18

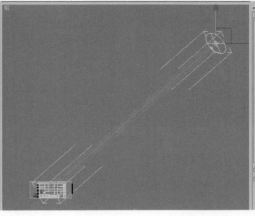

图 4-1-19

要配合调节 VRay 天光和阳光，并且要灵活运用颜色映射下的不同贴图类型，这样才能获得一个理的效果。可以将渲染菜单下环境中的 VRay 天光案例复制到"材质编辑器"对话框中，这样就可以手动节 VRay 天光参数。

下面列举一些 VRay 太阳参数的作用，大家可以在制作过程中通过调节参数来观察效果（见图 4-1-2(

图 4-1-20

（1）浊度。指空气中的清洁度，浊度数值越大阳光就越暖。在一般情况下，天正午时浊度数值为 3～5，下午时浊度数值为 6～9，傍晚时浊度数值为 15～2阳光的冷暖也和浊度及地面的角度有关，和底面的角度越垂直越冷，和地面的角越小太阳光就越暖。

（2）臭氧。一般对阳光没有太大影响，对 VRay 天光有影响，臭氧数值越太阳光效果呈现冷蓝色调。

（3）强度倍增。强度倍增参数和浊度参数有关，浊度数值越大阳光就越暖，时就要提高强度倍增数值，一般设置为 0.03～0.1。

（4）大小倍增。这个参数的值越大，就越会产生远处虚影效果。在一般情况将这个参数的值设置为 3～6。大小倍增参数与阴影细分参数有关。大小倍增参数的越大，对应的阴影细分参数的值就越大。因为当物体边缘有阴影或虚影时，阴影细参数的值也就越大，否则就会有很多噪点，一般将阴影细分参数的值设置为 6～1

（5）阴影偏移。这个参数可以产生阴影与物体之间的间隔。

**02** 物理摄影机的设置。除了目标摄影机比较常用，VRay 下面的物理摄影也是比较常用的一种摄影机类型，并且它比一般的摄影机功能强大，因为它接近真实的数码单反相机（以下简称"相机"），它既能模拟真实成像，又能更轻松地调节透视关系。单摄理摄影机就能控制曝光（见图 4-1-21）。

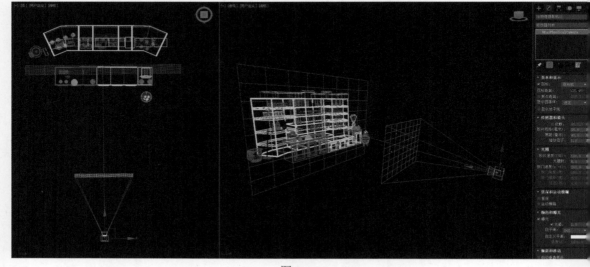

图 4-1-21

关于摄影机有 3 个参数，光圈、感光度（ISO）和快门。这 3 个参数控制着曝光。曝光定义照片度或暗度。由于存在 3 个参数，它们之间的关系通常被称为"曝光三角形"。

- 光圈，在正常情况下，将光圈数值控制在 8 以内。光圈的主要作用就是控制景深，光圈数值所拍物体焦点的四周就越模糊，光圈数值越高所拍物体焦点的四周就越清晰（见图 4-1-22）。

将光圈数值设置为 6 时的效果　　　　　　　　将光圈数值设置为 8 时的效果

图 4-1-22

- 感光度（ISO）是一种类似于胶卷感光度的指标，感光度数值越小，图片就越暗；反之，感光度数值越大，图片就越亮。根据摄影经验，在白天时将感光度设置为 100～200，在晚上时将感光度设置为 300～400（见图 4-1-23）。

将感光度设置为 50 时的效果　　　　　　　　将感光度设置为 200 时的效果

图 4-1-23

- 快门，快门数值越低曝光的时间就越长，画面效果也就越亮；快门数值越高曝光时间越短，画面效果也就越暗。如果场景的面积有 500m²，只有一盏灯照明，则必须降低光圈数值（见图 4-1-24）。当把参数设置完之后，如果觉得画面整体太亮或太暗就不用添加灯光移动，只要移动摄影机就行。

将快门设置为 100 时的效果　　　　　　　　将快门设置为 300 时的效果

图 4-1-24

**03** 测试渲染效果。我们可以调整物理摄影机的 3 个主要参数来观察渲染效果。因为现在使用的渲染测场景材质都为白色，所以在测试渲染时要进行适当的曝光（见图 4-1-25）。

图 4-1-25

 Chapter5　场景材质的设置

　　场景材质的设置。在进行灯光与摄影机测试时，将所有物体都设置为灰色材质，主要目的是观察灯光与镜头的设置效果，当完成这些设置后，就开始进行场景物体的材质制作。选用 VRay 的标准材质"VRayMtl"，VRayMtl 材质会比 Standard 材质在渲染速度和细节质量上高很多。

　　VRayMtl 材质相当于 3ds Max 自带材质中的标准材质。

　　当对物品进行贴图时，对一些形体比较规则的物体来说，可以利用"UVW 贴图"准确将贴图赋到体。按照物体的基本形体选择"UVW 贴图"下的贴图类型可以准确定位材质（见图 4-1-26）。

图 4-1-26

VRayMtl 的几个参数含义说明如下。

- 漫反射就是物体的过渡色或固有色。
- 反射用来控制物体对光的折射效果。利用灰度值来控制反射强度，纯白代表百分之百反射，纯黑代表没有反射。反射分为两种类型：一种是菲涅耳反射；另一种是镜面反射。生活中一般就只有这两种反射效果（见图 4-1-27）。

菲涅尔反射效果            镜面反射效果

图 4-1-27

- 光泽度用来控制材质的高光光泽度大小，当光泽度的参数值为 0.0 时，表示会得到非常模糊的高光效果。
- 折射用来控制光线穿过物体的折射效果，利用灰度值来控制折射强度。
- 折射率用来控制光线穿过物体的角度（见图 4-1-28）。

将折射率设置为 1.6 时的效果         将折射率设置为 4.0 时的效果

图 4-1-28

 ## Chapter6　渲染输出

渲染输出步骤如下。

（1）根据实际情况再次调整场景的灯光和材质。

6-10 出图
前的调整

（2）渲染并保存光子文件。

（3）正式渲染。

（4）调高抗锯齿级别。

（5）设置出图的尺寸。

（6）调用光子文件渲染出最终效果，将渲染图片保存为 PNG 格式，保留透明背景有助于后期合成校色。

---

**任务小结：** 在进行卡通室内场景模型制作时，要注意模型形体上的把握、UVW 的合理使用、贴图的绘制、各部分的匹配及对整体效果微调。

---

 **项目总结**

**项目内容：** 本项目是卡通室内场景制作的第一个项目，与角色模型的制作相比，动画场景的制作重点和难点并不在建模部分，而是在如何通过材质和贴图的选取与调试、灯光的设置、摄影机的位置选取让场景符合剧本的氛围描述，为角色创造良好的环境平台。

**项目练习：** 根据下面提供的资料制作场景（见图 4-1-29）。

**项目拓展：** 通过学习本项目，希望学生可以了解卡通室内场景的制作方法，特别是在材质和灯光的调试过程中，要初步掌握 VRay 的设置方法，这是后面项目的制作基础。

图 4-1-29

# 项目 7　村落一角

**项目目标：**掌握复杂场景项目的制作流程、掌握室外场景灯光的运用、掌握场景意境塑造的方法。

**项目介绍：**该项目是游戏动画短片中对其中一个小村落的设计，该场景有很多道具，场景细节描述细致，布局充满生活气息，色彩设定鲜亮。

**项目分析：**本项目是一个室外场景，在镜头运用和光线设置上有别于室内场景。因为场景布景比较复杂，对道具制作的要求很高，所以先要了解场景中各个道具之间的空间关系，要讲究制作过程，本项目增加了许多建模要求，需要学生具备较好的建模综合应用能力。

**教学建议：**本项目需要进行分步演示、讲解。学生完成项目的一个阶段练习后，教师再给学生分配下一阶段任务。建议教学时长为 20 课时，其中分步演示、讲解时长为 8 课时，独立制作时长为 12 课时。

**学习建议：**受时间与篇幅的限制，不可能对各种场景的建造方法进行详细讲解，但学生可以使用不同的方法与工具来创建不同的场景。

Chapter1　卡通室外场景分析

卡通室外场景分布着很多场景道具。场景道具是构成场景非常重要的部分，场景道具制作是否精良直接影响整个场景制作的质量。通过分析设计图将这个卡通室外场景的制作大致分成 3 部分，村落平台模型的制作、村落主体模型的制作、材质的制作、VRay 环境设置。

 Chapter2　村落平台模型的制作

下面介绍村落平台模型的制作。

**01** 创建一个立方体，注意网格数，转化为可编辑的多边体之后，根据设计图，选择合适的区域创建主屋的平台（见图 4-2-1）。

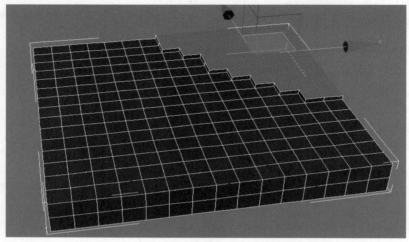

图 4-2-1

利用多边形次对象创建主屋平台，挤出相应的高度，调整节点，再次挤出，再次调整节点，不断调整主屋平台形状（见图 4-2-2）。

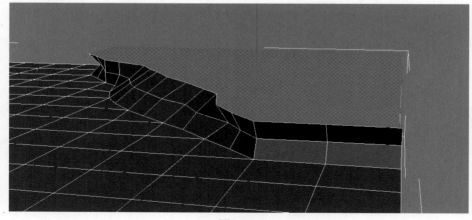

图 4-2-2

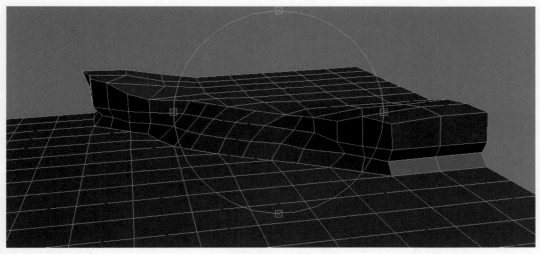

图 4-2-2（续）

**02** 打开 Photoshop 工作界面，根据主屋平台的尺寸，创建一个只有黑白的灰度图，然后将已经完成坡地的地形模型进行平滑，再利用 3ds Max 的"置换"命令拾取刚才创建的灰度图，创建道路形体（见4-2-3）。

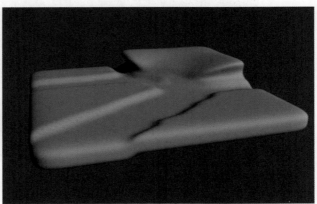

图 4-2-3

任务小结：这里说的地形主要指山地与坡地，创建地形的方法有很多，这里主要介绍 4 种，大家可以根据场景的情况来选择合适的方法。方法一，利用贴图创建地形；方法二，使用 Dreamscape（幻景软件）创建地形；方法三，利用多边形的次对象创建地形；方法四，利用三维扫描创建地形。

## Chapter3　村落主体模型的制作

**01** 当完成村落平台模型的制作后，进行村落主体模型的制作，先来作主屋。主屋由屋顶和屋身两部分组成，根据设计图制作屋身。利用样线创建屋身的基本形体，转化为可编辑的多边形，选择"边界"次对象，择边界线，按 Shift 键，拉出厚度（见图 4-2-4）。

7-3 主体建筑的制作

7-4 屋顶与周边场景道具制作

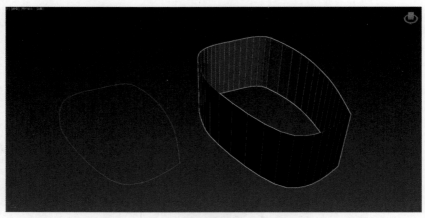

图 4-2-4

**02** 现在创建的形体是一个面体，非常适合在拉出的多边形上创建窗户与门位置的线条。选择相应多边形并将其删除，形成窗洞与门洞（见图 4-2-5）。

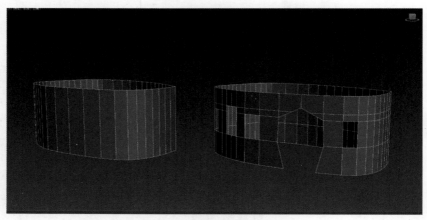

图 4-2-5

**03** 合理利用"边"次对象下面的切片平面和连线等工具，丰富线条，调整节点位置，制作窗户与门的细节。在这个制作过程中，要采用细分曲面，观察布线平滑后的效果，方便改善布线结构（见图 4-2-6）。

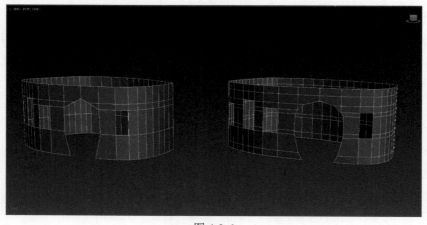

图 4-2-6

**04** 使用"壳"命令创建墙体厚度，并利用"自由变形"命令创建倾斜效果（见图4-2-7）。

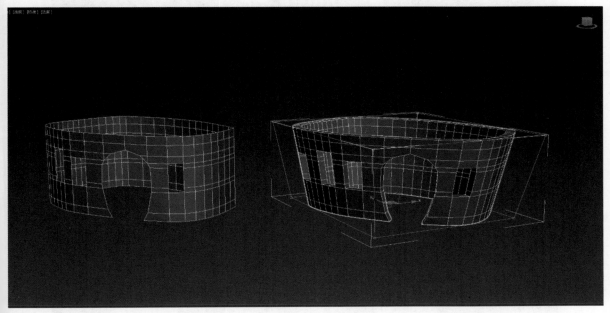

图 4-2-7

**05** 完成墙体基本形体的制作之后，可以利用制作墙体的方法制作屋顶，在这个制作过程中，一定要灵活地使用各种工具，根据设计图要求，完善模型布线，并利用自由变形和节点编辑，调整模型形体（见图4-2-8）。

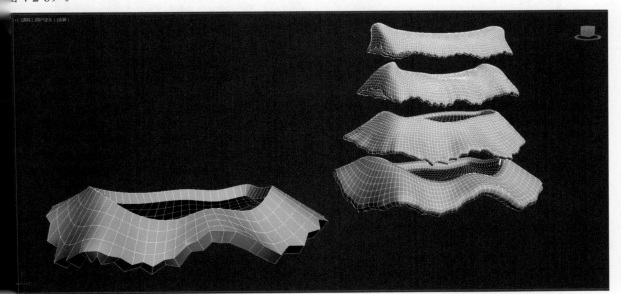

图 4-2-8

**06** 完成墙体和屋顶的制作后，主体建筑的模型就基本制作完了（见图4-2-9）。接下来，给房子创各个部件，这些部件建模都相对比较简单，但要特别注意比例尺寸问题，还要制作一些扭曲效果，凸显件的真实感觉（见图4-2-10）。

图 4-2-9

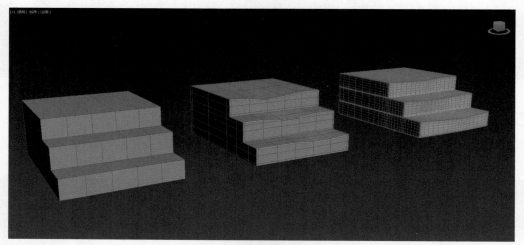

图 4-2-10

**07** 不断完善村落主体模型的部件（见图 4-2-11～图 4-2-14）。

图 4-2-11

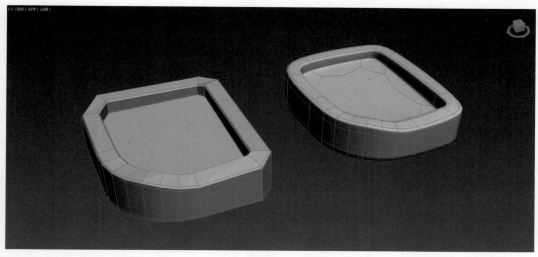

图 4-2-12

图 4-2-13

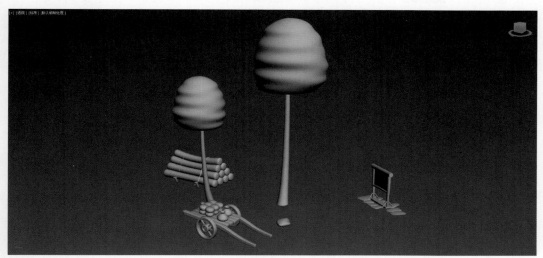

图 4-2-14

**08** 最终完成整个村落主体模型的制作（见图 4-2-15）。

图 4-2-15

 **Chapter4 材质的制作**

7-5 场景
材质制作

很多时候，我们需要自己制作卡通道具的材质，根据场景气氛，使用 Photoshop 制作出合适的材质。

**01** 利用 Photoshop 中的渐变工具和笔刷工具进行绘制，可以制作出木纹的卡通效果（见图 4-2-16）

图 4-2-16

在赋予材质时，可以使用"UVW 贴图"进行材质位置的调整。

**02** 使用同样的方法制作出树、屋顶的材质（见图 4-2-17、图 4-2-18）。

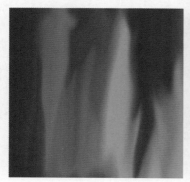

图 4-2-17

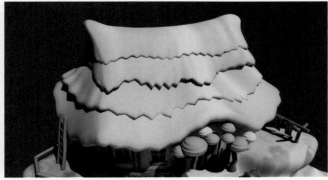

图 4-2-18

**03** 关于草地的制作有以下 3 种方法。

（1）直接利用贴图进行制作，同时制作道路（见图 4-2-19）。

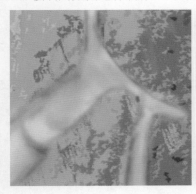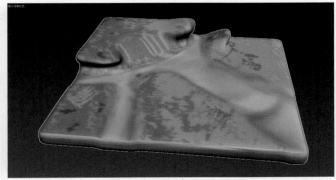

图 4-2-19

（2）利用 VRay 进行制作。首先在相应的位置创建一个平面，然后在"创建"命令面板中选择"VRay"项，单击"VR 毛发"按钮，为刚才的平面创建毛发，然后修改相关参数，调整草地的密度等属性，得想要的效果（见图 4-2-20）。

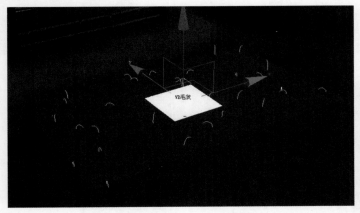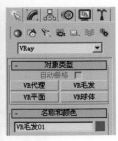

图 4-2-20

（3）由于使用"VR 毛发"按钮对系统要求比较高，还可以利用 3ds Max 自带的毛发系统进行草地的作（见图 4-2-21）。

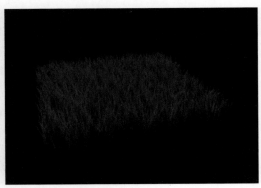

图 4-2-21

 **Chapter5　VRay 环境设置**

7-6 VRay 设置与渲染输出

　　VRay 渲染插件提供的 VRaySun 灯光能够很好地模拟日光效果，可以根据太阳高度计算光照的时间段。创建 VRaySun 会自动为环境添加日光效果，更方便场景中所有物体对环境的反射作用。由于没有使用摄影机，所以降低太阳的照明强度（见图 4-2-22、图 4-2-23）。

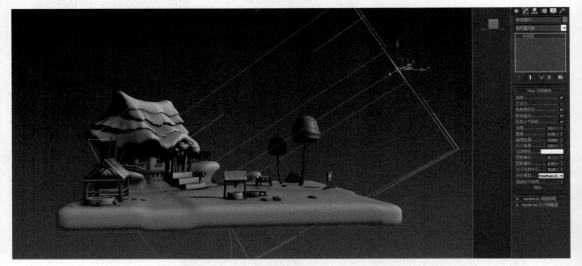

图 4-2-22

图 4-2-23

> **任务小结：** VRay 渲染插件的很多设计原理是和现实生活中的光影变化是一致的，所以学习 VRay 的重点就是要弄清楚现实生活中的光影变化效果是如何产生的。

## 知识储备——VRay 渲染技巧

（1）尽可能限制场景面数，场景面数越多，渲染速度越慢。

（2）如果使用 VRay 渲染器，则场景面数多的物体可以使用 VrayProxy。

（3）尽量不要将阴影细分的参数设置得太大。

（4）删除不需要的物体。

（5）避免使用高分辨率的贴图。

（6）尝试自己制作材质而不是依赖材质库。

（7）一般在特写镜头或离摄影机特别近时使用精模。

（8）在进行曲线网格平滑时要注意迭代级别。

（9）要根据实际情况设置镜面反射和磨砂材质。

（10）除了使用 VRay 渲染器进行渲染，还可以使用 Combustion、Photoshop 等软件进行渲染。

（11）在给场景赋材质之前，先使用全局覆盖材质来测试场景模型是否有问题，也方便用户知道场景中有哪些材质类型和可能需要的渲染时间。

（12）灯光数量太多也会导致渲染速度太慢。

（13）尽量减少渲染物体的数量。

（14）利用几何体代理是一个利用几何体替代真实物体进行渲染的方法，可以快速提高渲染速度。

（15）随时在本地增量保存文件。

（16）可以进行区域渲染，渲染你想要渲染的区域，随时检查材质，快速得到一个渲染结果便于验证一些小的差异。

## 项目总结

**项目内容：** 本项目不能涵盖所有室外场景的制作方法，但却涵盖了大部分制作流程。我们可以通过 3ds Max 自身的功能和几款插件的功能灵活使用，制作出丰富多彩、极其逼真的室外场景。三维动画场景总体制作流程总结，首先需要有设计草图和制作要求，然后根据设计草图和制作要求选择一种或两种地形制作法，制作地形地貌；使用 3ds Max 自带工具制作人工构筑物，包括建筑物、桥梁、道路等；选择植物插件添加植物；使用 VRay 制作比较真实的天空与云层或使用球体制作简易天空；根据要求渲染输出。

**项目练习：** 根据下面提供的资料制作模型（见图 4-2-24）。

**项目拓展：** 通过学习本项目，希望学生可以掌握较为复杂道具模型的制作方法，还可以根据自己的生经验，制作一些有复杂形体的模型。

图 4-2-24